# BEI GRIN MACHT SICH IHR WISSEN BEZAHLT

- Wir veröffentlichen Ihre Hausarbeit,
  Bachelor- und Masterarbeit

- Ihr eigenes eBook und Buch -
  weltweit in allen wichtigen Shops

- Verdienen Sie an jedem Verkauf

Jetzt bei www.GRIN.com hochladen
und kostenlos publizieren

Ina Herrmannsdörfer

# Weltkulturerbestädte in Lateinamerika. Die Konstruktion des kulturellen Erbes

GRIN Verlag

**Bibliografische Information der Deutschen Nationalbibliothek:**

Die Deutsche Bibliothek verzeichnet diese Publikation in der Deutschen Nationalbibliografie; detaillierte bibliografische Daten sind im Internet über http://dnb.d-nb.de/ abrufbar.



**Impressum:**

Copyright © 2012 GRIN Verlag GmbH
Druck und Bindung: Books on Demand GmbH, Norderstedt Germany
ISBN: 978-3-656-38701-5

Universität Passau

Lehrstuhl Anthropogeographie

Hauptseminar: Lateinamerika: ein Kulturraum?

Wintersemester 2011/12

# Weltkulturerbestädte –

# die Konstruktion des kulturellen Erbes

Ina Herrmannsdörfer

Master International Cultural and Business Studies

Fachsemester 02

## Inhaltsverzeichnis

## Abkürzungsverzeichnis

| | |
|---|---|
| AECI | = Agencia Española de Cooperación Internacional |
| BID | = Banco Interamericano de Desarrollo |
| CENCREM | = Centro Nacional de Conservación, Restauración y Museología |
| CONDER | = Companhia de Desenvolvimento da Região Metropolitana de Salvador |
| DPPFA | = Dirección Provincial de Planificación Fisica y Arquitectura |
| ECH | = Empresa de Desarrollo del Centro Histórico |
| ICCROM | = International Centre for the Study of the Preservation and Restoration of Cultural Property |
| ICOMOS | = International Council on Monuments and Sites |
| ILO | = International Labour Organization |
| IPAC | = Instituto do Patrimônio Artístico e Cultural da Bahia |
| IUCN | = International Union for the Conservation of Nature |
| MQ | = Municipalidad de Quito |
| SGP | = Sistema de Gestión Participativa |
| SIP-SEP | = Servicios Integrales para Sectores Populares |
| UNESCO | = United Nations Educational, Scientific and Cultural Organization |

## Abbildungsverzeichnis

1.    Einleitung

"[D]as Wort "Welterbe" hat einen verlockenden Klang. Seit 1987 werden mit diesem Prädikat steingewordene Kultur- und Technikleistungen der Menschheit ausgezeichnet, Kirchenschiffe und Schlösser, Eisenbahntrassen im Hochgebirge und Denkmäler der Industriegeschichte. […] Ein schöner Gedanke steckt in dieser Idee, ein Schutz- und Bewahrungsgedanke, der menschliche Leistung der Vergangenheit […] das Rasen der Moderne überstehen lassen soll. Und der Gedanke internationaler Gemeinschaft, der in Vietnam Respekt für den Kölner Dom und in Brasilien Bewunderung für die türkische Selimiye-Moschee hervorrufen soll." (Gaede 2011, S. 3)

Im Jahr dieser Arbeit blickt die UNESCO Welterbekonvention auf ihr 40-jähriges Bestehen zurück. Bis heute haben 187 Staaten diese Konvention ratifiziert und die Welterbeliste zählt 936 Einschreibungen. Davon sind 725 Kultur-, 183 Natur- und 28 gemischtes Erbe. (vgl. UNESCO World Heritage Center 2011).

Im Rahmen des Hauptseminars „Lateinamerika: ein Kulturraum?" soll mit der vorliegenden Arbeit ein besonderer Blick auf das Programm der UNESCO in Lateinamerika und dem Umgang damit geworfen werden. Aufgrund des Umfangs der Arbeit sollen nicht alle Weltkulturerbestätten, sondern ausgewählte Kulturerbestädte näher betrachtet werden. Die Fragen, die sich dabei stellen, sind: Welchen Kulturbegriff hat die UNESCO und was steckt hinter dem Konzept? Und wird dies von den Titelträgern auch so verstanden? Was wird in und von den Kulturerbestädten dargestellt und was eventuell versteckt? In Anlehnung an die Fragestellung des Seminars soll ebenso untersucht werden, ob Kulturräume bei der Auswahl berücksichtigt werden und ob Lateinamerika ein Kulturraum ist.

Um eine Antwort auf diese Frage zu finden, beinhaltet die vorliegende Arbeit eine Betrachtung der Konstruktion des kulturellen Erbes in vier Teilen. Im ersten Teil wird zunächst allgemein das Welterbeprogramm der UNESCO vorgestellt. In einem nächsten Schritt wird die Entwicklung der Kolonialstadt, von der die historischen Zentren der Städte immer noch geprägt sind und in denen sich das Leben abgespielt und die eigene Kultur entwickelt hat, dargestellt. Ein anschließender Exkurs gibt Informationen  zu den Konzepten des kollektiven Gedächtnisses und der Erinnerungsorte, die für die Schlussfolgerungen am Ende von Bedeutung sind. Daran anknüpfend erfolgen eine Darstellung der Entwicklung fünf lateinamerikanischer Städte und deren Bedeutung als Weltkulturerbe, bevor ein Gesamtfazit gezogen wird, in dem die Fragestellungen dieser Arbeit abschließend beantwortet werden.

## 2. Die Konstruktion des kulturellen Erbes lateinamerikanischer Städte

### 2.1 Das Welterbeprogramm der UNESCO

#### 2.1.1 Definitionen der UNESCO

Um eine Analyse der Konstruktion des Welterbes in den später folgenden lateinamerikanischen Städten gewährleisten zu können, ist es wichtig zu wissen, wie die United Nations Educational, Scientific and Cultural Organization (UNESCO) Erbe und Kultur definiert. Daher werden im Folgenden die von ihr dargestellten Definitionen aufgeführt.

##### 2.1.1.1 Was ist Erbe?

In einer von der UNESCO für Lehrer erstellten Mappe wird Erbe wie folgt definiert:

„Unter Erbe verstehen wir zumeist das Vermächtnis aus unserer Vergangenheit, mit dem wir in der Gegenwart leben und das wir an zukünftige Generationen weitergeben möchten und deshalb erhalten und schützen müssen.

Im Lexikon wird Erbe folgendermaßen definiert:

1. Vermögen, das jmd. bei seinem Tod hinterlässt und das in den Besitz einer gesetzlich dazu berechtigten Person od. Institution übergeht

2. Etw. auf die Gegenwart Überkommenes; nicht materielles [geistiges, kulturelles] Vermächtnis.

Duden: Deutsches Universal Wörterbuch (4. Auflage, 2001)

Als Erbe bezeichnen wir gerne Orte und Gegenstände, die wir erhalten möchten: Kulturgüter, Naturerbe-Stätten und andere Dinge, die wir lieben und schätzen, da sie auf unsere Vorfahren zurückgehen und besonders schöne, wissenschaftlich bedeutsame oder unersetzliche Beispiele des Lebens und der Inspiration sind. Sie sind unsere Prüfsteine, unsere Bezugspunkte, unsere Identität. Dieses Erbe spiegelt häufig das Leben unserer Vorfahren wider und Überlebt heute oft nur dank besonderer Initiativen." (Hilger 2003, S. 40)

##### 2.1.1.2 Was ist Kultur?

Gemäß der UNESCO lässt sich sagen, "dass die Kultur in ihrem weitesten Sinne als die Gesamtheit der einzigartigen geistigen, materiellen, intellektuellen und emotionalen Aspekte angesehen werden kann, die eine Gesellschaft oder eine soziale Gruppe kennzeichnen. Dies schließt nicht nur Kunst und Literatur ein, sondern auch Lebensformen, die Grundrechte des Menschen, Wertsysteme, Traditionen und Glaubensrichtungen." (UNESCO 2010, S. 34)

## 2.1.2 Die Entstehung der Welterbekonvention

Als in Ägypten in den fünfziger Jahren des letzten Jahrhunderts der Staudamm von Assuan geplant wurde, kam es zur ersten großen internationalen Rettungsaktion der UNESCO. Mit dem Bau drohte das Niltal und somit auch die Tempel von Abu Simbel zu überfluten. Weltweit entstand große Sorge um dieses Bauwerk der ägyptischen Antike. Nachdem die Regierungen Ägyptens und des Sudans um Hilfe baten, startete die UNESCO 1959 eine Kampagne zur Rettung der Tempelanlagen, an der sich 50 Länder mit 80 Millionen US-Dollar beteiligten. Insgesamt 18 Jahre dauerte es, die Bauten an neuer Stelle wieder aufzubauen und sie somit für die Nachwelt zu erhalten. (vgl. Hilger 2003, S. 43f)

Abbildung 1: Ab- und Umbau der Tempelanlagen von Abu Simbel

Quelle:
http://www.hochtief.de/hochtief/5002.jhtml?i=2
1

Im Anschluss an diese Aktion beschloss die UNESCO mit Hilfe des Internationalen Rates für Denkmalpflege ICOMOS (International Council on Monuments and Sites) ein Übereinkommen (Konvention) zum Schutz des Weltkulturerbes zu erarbeiten. Während der Umweltkonferenz der Vereinten Nationen 1972 in Stockholm schlugen die USA sowie die Internationale Naturschutzunion IUCN (International Union for the Conservation of Nature) ein Gesetz zum Schutz von Kultur- und Naturgütern vor. Dies führte zu dem Gedanken eines internationalen Instruments zur Protektion universell wertvoller Kultur- und Naturdenkmäler. Aufgrund ihrer besonderen Kompetenzen im Bereich Bildung, Kultur und Wissenschaft oblag es der UNESCO den Text für die Konvention auszuarbeiten. Schließlich wurde am 16. November 1972 auf der 17. UNESCO-Generalkonferenz in Paris das *Übereinkommen zum Schutz des Kultur- und Naturerbes der Welt,* die sogenannte „Welterbekonvention" verabschiedet. (vgl. ebd., S. 46)

## 2.1.3 Aufnahme in die Liste des Weltkulturerbes

Grundsätzlich muss jeder Staat, der in die Welterbeliste der UNESCO aufgenommen werden möchte, der Welterbekonvention beitreten. Ein Antrag zur Aufnahme in die Liste gliedert sich wie folgt. Mit der Unterzeichnung der Welterbekonvention verpflichtet sich der Vertragsstaat sein nationales Kultur- und Naturerbe zu schützen. Es wird eine sogenannte „Vorläufige Liste" (*tentative list*) erstellt, auf der alle Kultur- und Naturdenkmäler verzeichnet sind, die nach eigener Ansicht von universellem Wert für die Menschheit sind. Aus dieser „Vorläufigen Liste" wird eine Stätte ausgewählt, die in die Welterbeliste aufgenommen werden soll. Das ausgefüllte Formular wird daraufhin an das Welterbezentrum in Paris verschickt. Bei Vollständigkeit wird der IUCN und/oder der ICOMOS beauftragt, eine Beurteilung gemäß den Kriterien für das Kultur- und Naturerbe (siehe 2.1.4) zu erstellen. Anhand deren Beurteilungsberichts prüfen die sieben Mitglieder[1] des Welterbe-Büros und geben dann ihre Empfehlungen an das Welterbe-Komitee weiter. Dessen 21 Mitglieder[2] legen sich auf ein endgültiges Urteil fest: die Stätte wird entweder aufgenommen, zurückgestellt oder abgelehnt. Eine neue Bewerbung ist danach nicht mehr möglich. (vgl. ebd., S. 51f.)

## 2.1.4   Kriterien für die Aufnahme in die UNESCO-Welterbeliste

Wer darf den Titel „Weltkulturerbe" tragen? Anhand welcher Kriterien entscheidet die UNESCO, dass eine Stätte im Vergleich zu einer anderen von großem Wert für die Menschheit ist? Aufgenommen werden Kultur- und/oder Naturerbestätten, die laut Artikel 1 der Konvention aus "geschichtlichen, künstlerischen oder wissenschaftlichen Gründen von außergewöhnlichem universellem Wert sind." (UNESCO 1972, S. 35). Neben den allgemeinen Kriterien Echtheit und Authentizität muss mindestens eins der Kriterien für Weltkulturerbe-Stätten erfüllt sein. Der Katalog umfasst zehn Kriterien, sechs für Kultur- und vier für Naturstätten. Aufgrund der Fragestellung dieser Arbeit werden die Kriterien für Naturerbe nicht berücksichtigt. Die Kriterien für das Kulturerbe lauten wie folgt:

> „Das Objekt …
> (i) ist eine einzigartige künstlerische Leistung, ein Meisterwerk des schöpferischen Geistes,
> (ii) hat während einer Zeitspanne oder in einem Kulturgebiet der Erde beträchtlichen Einfluss auf die Entwicklung der Architektur, der Großplastik oder des Städtebaus und der Landschaftsgestaltung ausgeübt,
> (iii)stellt ein einzigartiges oder zumindest ein außergewöhnliches Zeugnis einer untergegangenen Zivilisation oder Kulturtradition dar,
> (iv) ist ein herausragendes Beispiel eines Typus von Gebäuden oder architektonischen

---

[1] Das Welterbekomitee setzt ein Büro ein, das während der Tagungen des Komitees nach Bedarf zusammentritt und dessen Entscheidungen vorbereitet. Das Welterbe-Büro besteht aus sieben jährlich gewählten Vertretern des Welterbekomitees (vgl. http://www.unesco.de/fileadmin/pdf/689.de.pdf)

[2] Die 21 Mitglieder des Welterbekomitees werden alle sechs Jahre von der *General Assembly* aus den Mitgliedsstaaten der Welterbekonvention gewählt. Das Welterbekomitee trifft sich einmal im Jahr um über die Aufnahme in die Welterbeliste zu entscheiden. (vgl. UNESCO World Heritage Center 2008)

> Ensembles oder einer Landschaft, die (einen) bedeutsame(n) Abschnitt in der menschlichen Geschichte darstellt,
> (v)stellt ein hervorragendes Beispiel einer überlieferten menschlichen Siedlungsform oder Landnutzung dar, die für eine bestimmte Kultur (oder Kulturen) typisch ist, insbesondere wenn sie unter dem Druck unaufhaltsamen Wandels vom Untergang bedroht wird,
> (vi) ist in unmittelbarer oder erkennbarer Weise mit Ereignissen, lebendigen Traditionen, mit Ideen oder mit Glaubensbekenntnissen, mit künstlerischen oder literarischen Werken von außergewöhnlicher, universeller Bedeutung verknüpft (dieses Kriterium gilt nur unter außergewöhnlichen Umständen oder in Verbindung mit anderen Kriterien)
> Darüber hinaus müssen die Echtheit der Kulturstätte sowie deren Schutz und Verwaltung gesichert sein." (Hilger 2003, S. 57f.)

## 2.2 Die lateinamerikanische Stadt während der Kolonialzeit

Aufgrund der besonderen Betrachtung von Weltkulturerbestädten, insbesondere der Altstädte, soll ein Augenmerk auf die Entwicklung der spanischen bzw. der portugiesischen Kolonialstadt in Lateinamerika gelegt werden.

Nachdem Spanien und Portugal am 7. Juni 1496 mit dem Vertrag von Tordesillas[3] den lateinamerikanischen Kontinent unter sich aufteilten (vgl. Augel 1991, S. 23; Bähr, Mertins 1995, S. 10), ereignete sich dessen Besiedelung durch die spanischen und portugiesischen Kolonialherren in relativ kurzer Zeit von ca. 1520/30 bis 1570/80. Dies zeigt, wie intensiv an die Eroberung und Kolonisation herangegangen wurde (vgl. Bähr, Mertins 1995, S. 9). Um das Jahr 1600 gab es somit schon über 200 Städte (vgl. Hofmeister 1996, S. 120). Die Siedlungen entstanden zum größten Teil als planmäßige Gründungen *ex nihilo,* also aus dem Nichts. In den anderen Fällen wurden die Städte auf den Resten noch vorhandener indianischer Siedlungen erbaut, wie z.B. in Cuzco oder Cuenca, auf (vgl. Bähr, Mertins 1995, S. 9). Das Interesse der Kolonialherren lag weniger in der flächendeckenden Besiedlung als in der Ausbeutung der verfügbaren Rohstoffe, vor allem der Edelmetalle. Daher war die Hauptfunktion der Städte der Handel und die Kontrolle des Hinterlandes. (vgl. ebd., S. 10) Desweiteren dienten die Städte als Ausdruck der Macht gegenüber der indigenen Bevölkerung (vgl. Wilhelmy 1952, S. 415). Allerdings muss dabei zwischen den spanischen und portugiesischen Stadtgründungen unterschieden werden, da verschiedene Motivationen und Funktionen vorhanden waren.

---

[3] Nach der „Entdeckung" Amerikas durch Kolumbus (12. Oktober 1492) teilten Spanien und Portugal „Inseln wie Festland, das gefunden ist oder noch gefunden wird, entdeckt ist oder noch entdeckt wird" unter sich auf. Eine gedachte gerade Linie 370 Meilen westlich der Cap Verdischen Inseln sollte die spanischen von den portugiesischen Besitzungen trennen (Augel 1991, S. 23)

## 2.2.1    Die spanischen Kolonialstädte

Den Standort ihrer Städte wählten die Spanier vorwiegend dort, wo sich Zentren indigener Hochkulturen befanden (z.B. Quito, Mexiko-Stadt). Somit fanden Stadtgründungen hauptsächlich im Binnenland statt. Grund hierfür waren die Zentrumsidentität und –kontinuität, d.h. es konnte schon auf bestehende Strukturen zurückgriffen werden (vgl. Bähr, Mertins 1995, S. 10). Auch konnte mit dem sogenannten Encomiendasystem, einem Lehnsverhältnis zwischen spanischen Grundbesitzern und indianischen Landarbeitern, die präsente Bevölkerung, die sich um die Ernährung der Stadtbevölkerung kümmern musste, zu Nutzen gemacht werden. (Hofmeister 1996, S. 120). Um aber auch die Kontakte nach Übersee zu behalten und den Handel durchführen zu können, bedurfte es einiger Städte an der Küste. So kam es des Öfteren zu einer „Duplizität von Hauptstadt und Hafenstadt", wie z.B. Quito – Guayaquil. (vgl. Hofmeister 1996, S. 120)

Die typischen Hauptkomponenten der hispanoamerikanischen Städte sind zum einen der Schachbrettgrundriss (*damero de ajedre)* und der Hauptplatz (*plaza mayor*) im Zentrum davon (vgl. Bähr, Mertins 1995, S. 11). Die Vorbilder für den Grundriss in Form eines Schachbrettes waren: der planmäßig-rechteckige Grundriss des spanischen Feldlagers Santa Fé, das 1491 in der Nähe von Granada gebaut wurde, die bereits verfügbaren Grundrisse der indianischen Siedlungen, die allerdings eher trapezförmig waren, Vorbilder aus der italienischen Renaissance sowie der ‚esprit géométrique' der damaligen Zeit mit der Vorstellung eines einfachen und erweiterbaren Grundrisses (vgl. ebd., S. 14). Konnte diese Grundrissform nicht angewendet werden, so hing dies damit zusammen, dass entweder die topographische Lage oder die vorhandenen präkolonialen Strukturen dies nicht zuließen oder es hatte mit der Funktion der Stadt zu tun (z.B. Hafenstadt). Ein weiterer Grund war auch, dass es erst ab 1573, als der Großteil der Siedlungen schon gegründet worden waren, in den „Anordnungen über die Entdeckungen, die Siedlungen und die Befriedungen", den sogenannten *ordenanzas*, genaue Anweisungen gegeben wurden, wie eine Stadt auszusehen hatte. (vgl. ebd., S. 13f.; Hofmeister 1996, S. 122).

Die quadratische *Plaza Mayor* ist der Mittelpunkt der spanischen Kolonialstadt, an der sich die wichtigsten Funktionen der Stadt gruppieren. Hier finden sich das Rathaus (*cabildo*), die Kathedrale, die Schule, das Gerichtsgebäude, das Kloster (*convento*) und im Falle der Hauptstadt, der Regierungspalast. Von den Ecken des Zentralplatzes gehen rechtwinklig die Hauptstraßen ab, die gleichzeitig die Straßen- bzw. Baublöcke, *cuadras* genannt, begrenzen. Diese haben eine Länge von je 100 Meter und untergliedern sich jeweils in vier gleich große

Grundstücke, die *solares*. Die *cuadras* bilden die erste von drei kranzartigen Zonen um die *Plaza Mayor*. In der zweiten finden sich die *quintas*, noch nicht aufgeteilte und als Weideland genutzte Blöcke, die wiederum von den *chacras,* landwirtschaftlich genutztem Land, umgeben werden. (vgl. Bähr, Mertins 1995, S. 13; Hofmeister 1996, S. 122). Auch eine soziale Aufteilung spiegelte sich im Aufbau der Stadt wieder: in den zentralen *cuadras*, nahe dem Hauptplatz, lebten die reichsten Familien. Im Anschluss folgten die Beamten, Händler und Handwerker in ihren Patiohäusern und am Stadtrand fanden sich die arme Bevölkerung sowie die Indios in ihren Lehmhütten. Somit kam es zu einem klar erkennbaren „*zentral-peripheren Sozialgradienten*" (Hofmeister 1996, S. 123). In Abbildung 2 lassen sich diese Merkmale im Idealplan einer spanischen Kolonialstadt erkennen, Abbildung 3 zeigt anhand des Grundriss' von Quito ein reales Beispiel.

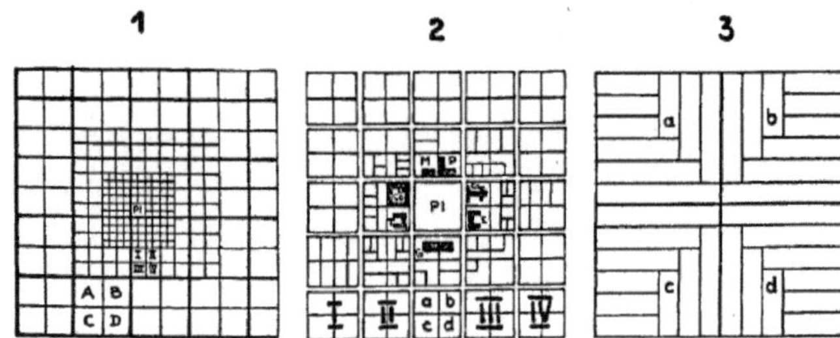

**Fig. 6. Idealplan einer spanischen Kolonialstadt** (nach F. Kühn)

1. Stadtanlage, bestehend aus 25 Cuadras bzw. 100 Solares (kleinste Felder). Eine Cuadra ist als Plaza ausgespart. Um den Block parzellierter Cuadras herum legt sich die Zone der aufgeteilten Quintas (I—IV); ihr folgt der Gürtel der viermal größeren Chacras (A—D).

2. Zentrum einer spanischen Kolonialstadt, dreimal größerer Maßstab als erstes Schema. Kern der Siedlung mit den in verschieden große Solares aufgeteilten Cuadras oder Manzanas. Auch die anschließende Zone der Quintas (I—IV) ist bereits parzelliert (a—d) und steht vor der Bebauung. Rund um die Plaza verteilen sich die wichtigsten öffentlichen Gebäude der Stadt: G = Gobierno (Regierungsgebäude), E = Escuela (Schule), Ca = Catedral (Kathedrale), P = Policia (Polizeibehörde), M = Municipalidad oder Cabildo (Rathaus), Co = Convento (Kloster), T = Tribunal (Gericht).

3. Aufteilung einer Manzana in vier quadratische Solares (a—d), die in jüngerer Zeit in je neun langgestreckte Grundstücke unterteilt wurden, so daß eine vollbesetzte Manzana jetzt 36 Bauplätze aufweist. Sechsmal größerer Maßstab als zweites Schema.

Abbildung 2: Idealplan einer spanischen Kolonialstadt

Quelle: {Wilhelmy 1952, S. 85}

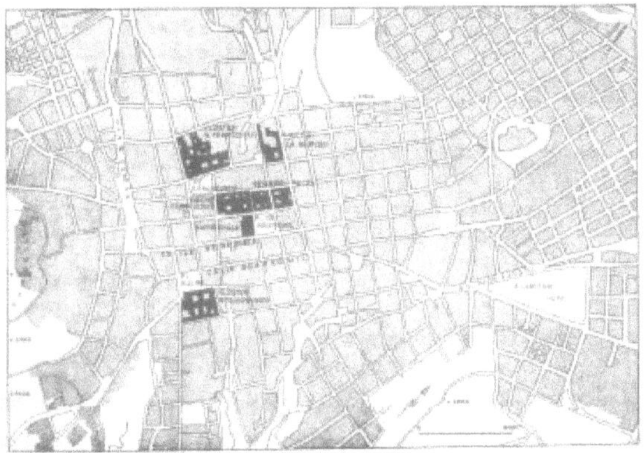

Abbildung 3: Stadtkern von Quito

Quelle: Wilhelmy, Borsdorf 1985, S. 61

Im Laufe der Zeit entwickelte sich die Plaza zum kulturellen Mittelpunkt. Handel oder Kommerz fanden hier jedoch nicht statt. Sie diente in erster Linie für Versammlungen, als Treffpunkt zum Informationsaustausch und vor allen Dingen zur Selbstdarstellung der Stadt selbst, als auch der Bewohner, die gerne zur Schau trugen, welche soziale Stellung sie in der kolonialen Stadtgesellschaft einnahmen. Diese einfache Struktur, die Stabilität und Sicherheit gab, fand sich auch in der Bauweise der Patiohäuser mit ihren Innenhöfen (vergleichbar mit der *plaza mayor*), wieder. (Struck 2008, S. 66)

In einem Aufsatz von Jorge Enrique Adoum über seine Heimatstadt Quito, in der er beschreibt, wie die Kinder aus Unkenntnis von Bethlehem ihre Weihnachtskrippen ihrer Heimatstadt nachempfinden, kommt all dies noch einmal gut zum Ausdruck:

> „Nachdem wir so Gott, Schöpfer der Welt, gespielt hatten, gingen wir zur Rolle der Städtebauer über, natürlich mit der gleichen Konzeption wie die Spanier des 16. Jahrhunderts. Wir legten viereckige Straßenblöcke an, stellten weiße Häuschen auf, die sich übereinandertürmten, [...] legten dann einen zentralen Platz an, im allgemeinen Plaza de Armas oder Plaza Mayor genannt (bei uns heißt er Plaza Grande) der von der Kirche [..], dem Gemeindehaus [...] oder dem Regierungsgebäude umgeben ist. Und erst nachdem unter den Eroberern und der Geistlichkeit die Grundstücke aufgeteilt worden waren, begann man damit, die Straßen rechtwinklig zueinander anzulegen, [...]. Dieser "Herr" [...], der Urenkel eines spanischen Edelmannes, [...], der mit dem gleichen Kriterium, mit dem man die Stadt anlegt, von einem Architekten forderte: "Macht mir einen großen, viereckigen Hof, und dort, wo noch Platz ist, baut mir ein paar Zimmer hin". Diese Höfe sind es, die die Kolonialhäuser charakterisieren, [...]“ (Adoum 1976, S. 37f.)

## 2.2.2    Die portugiesischen Kolonialstädte

Im Gegensatz zu den Spaniern kamen die Portugiesen als Kaufleute und Pflanzer nach Süd-amerika und gründeten ihre Siedlungen vornehmlich im Küstengebiet, um die Verbindung zum portugiesischen Festland aufrecht zu erhalten (Hofmeister 1996, S. 120). Dessen ungeachtet haben die geplant angelegten portugiesischen Kolonialstädte im Prinzip den gleichen Aufbau wie die Spanischen. Auch hier wurde das bereits dargestellte Schachbrettmuster verwendet, jedoch gab es keine bindenden Vorschriften, so dass der Grundriss wesentlich unregelmäßiger ausfiel. Allen portugiesischen Siedlungen

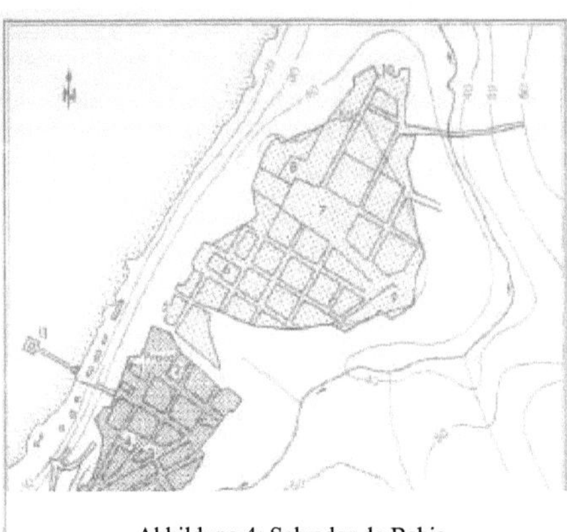

Abbildung 4: Salvador de Bahia

Quelle: Bähr, Mertins 1995, S. 16

ist  gemein, dass das „Schachbrett" von einer Befestigungsanlage eingeschlossen wird. Abbil-dung 4 verdeutlicht diese Merkmale noch einmal anschaulich anhand des Grundrisses von São Salvador de Bahia.

## 2.3    Exkurs: kollektives Gedächtnis und Erinnerungsorte

Im Zusammenhang von (Welt-)Kulturerbe und kultureller Identität treten sehr oft die Begriffe „kollektives Gedächtnis" und „Erinnerungsorte" auf. So sprechen z.B. Rothfuß und Gamerith in ihren Reflexionen über die Stadtwelten in den Americas von Städten als „narrativen Räu-men" und von „Straßen, Plätze[n]und Grünflächen, deren Bezeichnungen das kollektive Ge-dächtnis der Stadt und ihrer Bewohner formen" (Rothfuß, Gamerith 2007, S. 9) oder Molano erklärt, dass das „kulturelle Erbe für eine Gesellschaft wichtig ist, da es die Geschichte zwi-schen dem individuellen und dem kollektiven Gedächtnis ist"  (Molano 2007, S. 76). Losego wiederum beschäftigt sich in einem Beitrag im Tourismusjournal mit der Frage nach den „traumatischen Anteile[n] am Ortsgedächtnis von Habana Vieja" (Losego 2003, S. 251) und greift Begriffe wie „Erinnerungsort", „Generationenort" als auch „traumatischer Ort" auf (vgl. ebd., S. 262). Im folgenden Exkurs soll daher kurz auf die Theorie nach Aleida Assmann und Maurice Halbwachs eingegangen werden.

Der Begriff des kollektiven Gedächtnisses, dem gemeinsamen Gedächtnis einer Gruppe, geht ausschlaggebend auf Maurice Halbwachs[4] zurück. In seinem Buch „Das kollektive Gedächtnis" betrachtet er auch dessen Beziehung zum Raum. Halbwachs stellt fest, dass Orte Gruppen von Menschen prägen, während diese wiederum die Orte prägen. Dadurch können alle Handlungen der Menschen räumlich ausgedrückt werden, und der Ort, an dem sie leben, ist „die Vereinigung all dieser Ausdrücke" (Halbwachs 1967, S. 130). Ebenso beschäftigte sich Aleida Assmann[5] viel mit dem Begriff Gedächtnis von Orten. In ihrem Aufsatz „Erinnerungsorte und Gedächtnislandschaften" beschreibt sie, in welchem Sachverhalt traditionelle Generationenorte und von historischen Zäsuren geprägte Erinnerungsorte zueinanderstehen. (vgl. Loewy, Moltmann 1996, S. 9). Sie zitiert Cicero: „Groß (sic!) ist die Kraft der Erinnerung, die Orten innewohnt" (Assmann 1996, S. 13) und möchte damit über die Problematik von Erinnerungsorten zu denken geben. Desweiteren sagt sie aber auch, dass „[s]elbst wenn Orten kein immanentes Gedächtnis innewohnt, so sind sie doch für die Konstruktion kultureller Erinnerungsräume von hervorragender Bedeutung" (Assmann 1999, S. 299). In ihren Betrachtungen unterscheidet sie drei verschiedene Typen von Orten: Generationenort, Erinnerungsort sowie traumatischer Ort. Spezifisch für den Generationenort ist, dass er Identität und Kontinuität garantiert, sowie dass er von Geburt und Sterben am selben Ort in einer ewig andauernden Generationenkette bestimmt ist (Assmann 1996, S. 14). Ein Erinnerungsort wiederum ist von Diskontinuität gekennzeichnet. Das heißt, es besteht eine auffallende Kluft zwischen Vergangenheit und Gegenwart. „Am Erinnerungsort ist eine bestimmte Geschichte gerade nicht weitergegangen, sondern mehr oder weniger abgebrochen" (ebd., S. 16; Losego 2003, S. 261). Ein traumatischer Ort hat nichts damit zu tun, ob sich dort angenehme, erhabene oder schreckenerregende Situationen ereigneten, sondern vielmehr damit, dass er aus dem kollektiven Gedächtnis ausgeblendet wird bzw. er negativ besetzt ist und ein Tabu darstellt. Kennzeichnend für diesen Ort ist, dass seine Geschichte nicht erzählt werden kann und dass seine Bindungskraft auf einer Wunde beruht, die nicht vernarben möchte. (vgl. Assmann 1996, S. 18f.) „Der traumatische Ort hält die Virulenz eines Ereignisses als Vergangenheit fest, die nicht vergeht und nicht in die Distanz zurückzutreten vermag" (ebd., S. 19). Dies möge dem Leser bei der späteren Analyse der Weltkulturerbestädte noch einmal begegnen.

---

[4] Franz. Soziologe, 1877-1945
[5] Dt. Kultur- und Literaturwissenschaftlerin, *1947

## 2.4 Das Weltkulturerbe in Lateinamerika anhand ausgewählter Städte

In diesem Kapitel sollen nun Städte Lateinamerikas betrachtet werden, die den Titel „Weltkulturerbe" der UNESCO tragen. In der folgenden Grafik, mit dem Stand des Jahres 2006[6], lässt sich unschwer erkennen, dass es in Lateinamerika viele Weltkulturerbestädte gibt.

Abbildung 5: Patrimonios Culturales de la UNESCO en América Latina, 2006

Quelle: Mertins 2006, S. 16

Um eine relativ große Spannbreite verschiedener Städte analysieren zu können, wurden im Rahmen der vorliegenden Arbeit insgesamt fünf Städte ausgewählt, nicht nur Hauptstädte, sondern auch solche von kleinerem Ausmaß: Quito, Potosí, Valparaíso, Salvador da Bahia sowie Havanna. Die ecuadorianische Hauptstadt Quito bekam als einer der ersten Städte überhaupt den Titel einer Weltkulturerbestadt verliehen und liegt im Gebiet der ehemaligen Inka. Potosí wiederum steht als Vertreter einer Binnen- und Minenstadt sowie einer Stadt mit

---

[6] Eine bessere Übersichtskarte der neueren Zeit im Bezug auf Weltkulturerbestädte konnte nicht gefunden werden.

einem hohen Anteil indigener Bevölkerung. Salvador da Bahia repräsentiert eine brasilianische und Havanna eine Stadt der Karibik, der auch viel Literatur zu diesem Thema gewidmet wurde. Da Valparaíso der Titel erst vor einigen Jahren vergeben wurde, soll diese Stadt ebenso in die Betrachtung mit einbezogen werden. Die Verteilung der geographischen Lage wurde ebenfalls in die Auswahl der Städte mit einbezogen. Zur geographischen Einordnung dient Abbildung 6.

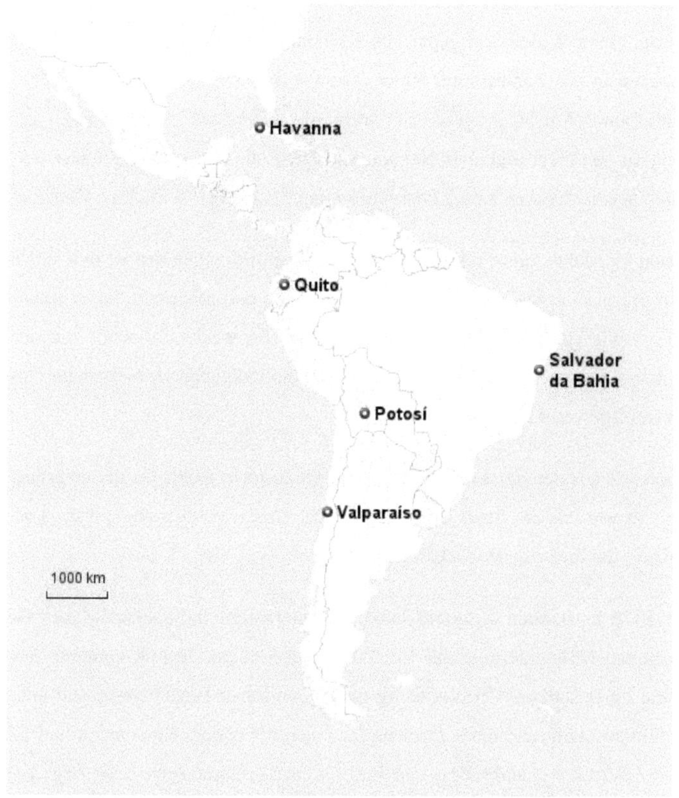


Abbildung 6: ausgewählte Weltkulturerbestädte

Quelle: eigene Darstellung

In den folgenden Kapiteln werden nun die Entwicklungen der einzelnen Städte dargestellt, sowie betrachtet, wie sie sich heutzutage - vor allem im Zusammenhang mit dem Weltkulturerbestatus - darstellen.

## 2.4.1    Quito

### 2.4.1.1    Entwicklung

Im Jahre 1531 gelangten die spanischen Eroberer Francisco Pizarro, Diego de Almagro und Sebastián de Benalcázar in das Gebiet des heutigen Ecuadors. Somit betraten sie erstmalig den Bereich des Inkareiches, der in den Jahren 1460-1523 dazugewonnen worden war. Als Rumiñahui, ein Krieger des Inkakönigs Atahualpa, der von den Spaniern gefangen gehalten wurde, einen Widerstand gegen die Kolonialherren organisierte, rückte Benalcázar mit 200 Soldaten in das Zentrum des Reichs der Quitu vor, siegte über Rumiñahui und besetzte die Stadt Quito. Am 28. August 1534 wurde dann die Stadt *San Francisco de Quito*, in Anlehnung an den ursprünglichen Namen, von Diego de Almagro gegründet. 1541 erlangte Quito durch den spanischen König den Status einer Stadt. (vgl. Wilhelmy, Borsdorf 1985, S. 53f.)

Schon vier Jahre zuvor regulierten amtliche Verordnungen den Aufbau der Stadt: jeder spanische Bürger musste sein Grundstück einzäunen und innerhalb dieser Befriedung ein Wohnhaus sowie ein Wirtschaftsgebäude errichten. So wuchs die Stadt von der Plaza Mayor in Richtung Süden, doch mit der Zeit wurden die indigenen Bewohner im Norden immer mehr ins Gebirge verdrängt. (vgl. ebd., S. 59)

Überreste aus der Inkazeit finden sich in Quito nicht mehr. Da die ursprüngliche Stadt schon zerstört war, als die Stadt gegründet wurde. Und was noch übrig war an Steinen, nutzen die Spanier um ihre eigenen Gebäude aufzubauen. (vgl. ebd., S. 60)

Ab 1570 entstanden aufgrund behördlichen Drucks Indianersiedlungen (Reduktionen), zur leichteren Missionierung und Erhebung von Steuern. Jedoch erlahmte der Goldabbau aufgrund einer starken Verminderung der indianischen Bevölkerung und anhaltender Angriffe der Jivaro. Aufgrund dessen besann man sich auf andere Ressourcen und fortan wurde Quito zum Zentrum von Nahrungs- und Textilindustrie. Durch seine hohe Lage zwischen 2.200 und 3.000 Metern eignete sich die Stadt perfekt dazu: hier bauten zwangsverpflichtete Indianer Mais, Kartoffeln, Hülsenfrüchte und Gemüse, sowie von den Europäern mitgebrachtes Getreide und Obst an. Aus den indianischen Betrieben stammten auch die Webereiprodukte, Lederwaren als auch Holzartikel, die den Handel zum Blühen brachten. (vgl. ebd., S. 55f.)

Mit dem Handel wuchs auch die Stadt: Um 1573 lebten etwa 850 Menschen in Quito, Ende des 16. Jahrhunderts waren es gut 20.000 und im Jahr 1740 50.000 Einwohner. (vgl. ebd., S. 56) Dafür ging der Anteil an Schwarzen und Mulatten zurück, die einst dieses Gebiet besiedelten und mittlerweile zur Minderheit gehören. (vgl. ebd., S. 57). Indianer und Mestizen machen allerdings schon immer einen großen Anteil der Bevölkerung aus: zu Beginn des 19. Jahrhunderts zählten sie gut 85% im Gegensatz zu 15% europäisch-stämmiger Kreolen. Mittlerweile wird von 70-90% und 10-30% ausgegangen. Dennoch ist die offizielle Sprache Spanisch, die indigene Bevölkerung spricht Quechua. (vgl. ebd., S. 64)

## 2.4.1.2 Quito als Weltkulturerbestadt

Als eine der ersten Städte überhaupt bekam Quito den Titel Weltkulturerbe 1978 verliehen. Ausschlaggebend für die Wahl waren die Kriterien ii und iv (siehe hierzu auch Kapitel 2.1.4). „Quito forms a harmonious ensemble sui generis (sic!), where the actions of man and nature are brought together to create a work unique and transcendent of its kind" (UNESCO 2012b). Die Altstadt gilt als herausragendes Beispiel der Barocken Schule von Quito, einer Mischung europäischer und indigener Kunst und ist eine der besterhaltenen und über die Zeit am wenigsten veränderte in Lateinamerika (vgl. UNESCO 2012b).

Abbildung 7: Plan von Quito mit dem Bereich des historischen Zentrums

(Quelle: Moreira Ortega 2001, S. 268)

Der Fall Quitos, im Bezug auf die Erhaltungsmaßnahmen der Historischen Altstadt, zeigt sehr gut, dass andauernde Verwechslung zwischen der Planung, der Ordnung und dem informellen Sektor herrscht. Das Sanierungsprojekt in Quito hatte es sich zur Aufgabe gemacht, ein Gefühl von Identität sowie einen gewissen lokalen und nationalen Stolz zurückzugewinnen und zu einen. Vor allem war es wichtig, den informellen Sektor, der die dominante Gruppe in der Altstadt ausmacht, zu ordnen und zu formalisieren. Dennoch können die neuen Entwicklungen in den kolonialen Bereichen der Stadt nicht allen sozialen Schichten zu Gute kommen, besonders die arme Bevölkerung bleibt meist benachteiligt. (vgl. Hanley, Ruthenburg 2005, S. 210)

In den 1940er Jahren sah sich Quito, auf Grund der Kakaokrise und einer allgemeinen Wirtschaftsrezession, mit einem plötzlichen Zustrom von Emigranten konfrontiert. Die Stadt hatte schwer damit zu kämpfen, für diesen plötzlichen Einwohnerzuwachs genügend Dienstleistungen, Wohnungen und eine adäquate Infrastruktur zur Verfügung zu stellen. In den 50er Jahren erholte sich die Situation mit Hilfe der vorherrschenden politischen Stabilität, was schlagartig zu mehr Baustellen in der Stadt führte. Quito wuchs in Richtung Norden und ein Modernisierungsprozess setzte ein: es entstanden neue Märkte, Straßen, öffentliche Gebäude sowie der Flughafen. Die anschließenden 60er und 70er Jahre waren vom Erdölboom gekennzeichnet, während gleichzeitig eine neue Agrarreform zu neuen Zuwanderungsströmen in das historische Zentrum führten. Die Stadt wuchs weiter und wieder gab es Probleme, für die Einwohner alles, für das alltägliche Leben wichtige, bereitzustellen. Mit dem Wachstum der Stadt stieg auch die Einwohnerzahl. Heutzutage zählt Quito mehr als eine Million Einwohner. Dennoch haben sich viele Elemente der lokalen Kultur und der kolonialen Vergangenheit erhalten. Die vielen Zuwanderer, zum großen Teil Indigene aus der Sierra, tragen ihren Teil dazu bei, dass Quito ein einmaliger Beweis der kulturellen und historischen Vielfalt des ecuadorianischen Volkes ist. (vgl. ebd., S. 215f.)

Wie so viele andere lateinamerikanische Hauptstädte beherbergt auch Quito das politische und wirtschaftliche Herz der Stadt. Der Anteil an Wohnhäusern hat stetig abgenommen und musste kleineren Geschäften weichen. Im Jahr 2001 zählte das historische Zentrum ca. 50.000 Einwohner, von denen der größte Teil am Rand des Zentrums lebte. (vgl. ebd., S. 216) Die Zentralität des Hauptbusbahnhofes, der mitten in der historischen Altstadt liegt, führt dazu, dass all die Zuwanderer, die mit dem meistgenutzten Medium Bus, in die Stadt kommen, sich in dessen Nähe niederlassen. Die Reichen sind längst schon in den Norden, in schönere Stadtteile umgesiedelt, so dass der historische Stadtkern zu einem Heim für Mittellose wird. Diese teilen die Wohnungen mehrfach untereinander auf und versuchen als Straßenverkäufer oder kleine Händler ein wenig Geld zu verdienen. (vgl. ebd., S. 217f.)

In den letzten Jahren wurde das historische Zentrum Quitos zur Hauptachse der Aufnahme von lokalen Zuwanderern, bedingt durch niedrige Mietkosten, die Nähe zum Arbeitsplatz und der wichtigen Rolle der informellen Wirtschaft. Einer Studie der ILO (International Labour Organization) von 2003 zu Folge soll dieser Bereich im Arbeitsmarkt eine zunehmen wichtigere Rolle spielen, seit 1990 sollen 70% aller neuen Arbeitsplätze hier entstanden sein. Der Verlust der Altstadt durch diese Entwicklung sowie durch den anhaltenden Verfall der kolonialen Architektur beunruhigte einige Bürger, Funktionäre sowie Verteidiger der Erhaltung kulturellen Erbes auf internationalem Niveau. (vgl. ebd., S. 219)

Mit dem Erhalt des Welterbestatus' 1978 wuchsen die öffentlichen und internationalen Investitionen in die Erhaltung des Altstadtzentrums Quitos ins Unermessliche. Um das Stadtbild für öffentliche Investoren schöner zu gestalten, sollten einige Veränderungen stattfinden. Es kam zu großen Diskussionen über die Nutzung des Bodens: zum einen durch die Besetzung des informellen Handels und alternativen Nutzungsmöglichkeiten. Während der 70er und 80er Jahre war die Toleranz den Straßenhändlern gegenüber sehr groß, was aber auch am Fehlen von Regeln lag, die eine Kontrolle erschwerten. Das Bild der *Plazas* wurde von eben jenen dominiert, die Funktion als Freizeitort war verlorengegangen. Aufgrund dessen machte sich die Regierung in den 90er Jahren große Sorgen um die symbolische Restrukturierung der Altstadt und der Straßenhandel wurde verboten und mit Polizeikraft durchgesetzt. (vgl. ebd., S 219ff)

Im Jahre 1994 kam es dann zu einem der ersten Pläne, der speziell auf die Erhaltung des historisch-kulturellen Erbes und der Stärkung der nationalen Identität abzielte. Das Ziel war es, das Stadtbild zu verschönern, den Tourismus zu fördern, einen Teil des Kommerzes auszulagern sowie den informellen Handel komplett verschwinden zu lassen. Mit Hilfe der *Banco Interamericano de Desarrollo* (BID) und der *Municipalidad de Quito* (MQ) wurden 41 Millionen US-Dollar investiert, um dem Altstadtkern seine funktionale Wichtigkeit zurückzugeben, wirtschaftliche Aktivitäten und traditionelle Dienstleistungen wieder aufleben zu lassen, den Zugang zu Gütern und Dienstleistungen zu vereinfachen sowie die Erhaltung der öffentlichen und privaten Gebäude zu fördern. Dies führte dazu, dass der Tourismus, die Instandsetzung der Innenstadt und die historische Erhaltung belebt wurden, und dazu verhalfen, eine weitere Verschlechterung der Stadtprobleme zu verhindern. Aber auch private Investitionen in die Altstadt zu fördern. Die Beschreibung des Projekts durch die BID bestätigt aber, dass die Situation den Verfall der Umwelt erleichterte und keine Investitionen einbrachte, die aber für einen nachhaltigen Erhaltungsprozess essentiell sind. (vgl. ebd., S 221f)

1994 entstand die *Empresa de Desarollo del Centro Histórico (*ECH) zur Finanzierung spezifischer architektonischer und städtischer Entwicklungs- und Erhaltungsprogramme (vgl. Moreira Ortega 2001, S. 273) und 1999 startete dann der *Plan Operativo para el Comercio Informal*, mit dessen Hilfe die Straßenhändler, es waren 7.000 zwischen 1999 und 2003, von den Straßen in Einkaufszentren und Märkten im Stadtzentrum sowie in anderen Stadtteilen verlegt werden und ihnen, mit einem Nachweis der Legalität, ein eigenes kleines Geschäft angeboten werden sollten. Da die Analphabetenrate unter den illegalen Händlern sehr hoch war, was nicht bedacht wurde, und der Prozess sehr lange dauerte, so dass viele dem Ganzen nicht trauten, war dieses Projekt kein Erfolg. (vgl. ebd., S. 222f.)

Abbildung 8: Menschen in Quito

Quelle: http://www.aifs.de/images/worktravel/ecuador/ecuador_sxc_948208_54223043.jpg, (letzter Zugriff: 01.02.2012)

Andere Projekte hingegen waren wesentlich erfolgreicher: zusammmen mit den *Servicios Integrales para Sectores Populares* (SIP-SEP) wurde im Jahr 2001 das *Sistema de Gestión Participativa* (SGP) errichtet, um die Kommunikation zu den Bürgern zu verbessern und deren Beteiligung an den Erhaltungsmaßnahmen zu fördern. Das wachsende Bewusstsein in den Schulen wurde für weitere Aktionen in den weiterführenden Schulen und Universitäten genutzt. Die Kampagne „recuperemos nuestra identidad" – gewinnen wir unsere Identität zurück – half dazu, dass sich auch die Bürger für die Erhaltung mitverantwortlich fühlen und so z.B. dazu beitrugen, die Stadt sauberer zu halten und auch andere dazu animierten ihren Müll in Behälter zu werfen, statt auf die Straße, da es sonst eine Strafe zu zahlen gäbe. (vgl. ebd., S. 231f.) Und in der Stadt wuchs nicht nur die Sauberkeit, sondern auch die Sicherheit und der Zugang zu den öffentlichen Räumen. Darüber hinaus konnte auch der Verkehr und die Infrastruktur verbessert werden. Dies kam allen Bevölkerungsschichten zu Gute (vgl. ebd., S. 236).

Dennoch sind es die Armen und Mittellosen, die nicht viel von dem schöneren Stadtbild haben, denn mit der Aufhebung des Straßenhandels verlieren die meisten von ihnen die Möglichkeit, ihre Situation zu verbessern. Somit sieht die Stadt nach außen wesentlich schöner aus und der „Reichtum" des kolonialen Erbes strahlt von allen Seiten, doch die Armut in den Straßen nimmt zu.

## 2.4.2　Potosí

### 2.4.2.1　Entwicklung

Potosí wurde im Jahre 1545 gegründet, am Fuße des *Cerro Rico*. Den Namen bekam die Stadt aufgrund ihres Reichtums an Silbererz. Vom spontan angelegten Bergbauort, *asiento de minas*, enwickelte sich Potosí nach einer frühen wilden Wachstumsphase zu einer geordneten, den Bauvorschriften, mit der Einhaltung des Schachbrettmusters, zumeist angepassten Stadt. Neben Oruro ist Potosí das einzige Minenzentrum, das in Bolivien das Stadtrecht erhielt. (vgl. Wilhelmy, Borsdorf 1985, S. 109)

Die bolivianische Stadt ist eine der höchstgelegenen der Erde. Auf 4.050 Metern Höhe errichtet, war die wirtschaftliche Nutzung sehr begrenzt. Alles konzentrierte sich auf den Bergbau. Als Stadt mit dem höchsten Anteil indianischer Bevölkerung in Bolivien, wurden die Indianer ausgenutzt und zu Schürfarbeit und der Arbeit unter Tage gezwungen. Der Silberabbau florierte. 1641 zählte Potosí 160.000 Einwohner und war die größte Stadt der Neuen Welt. (vgl. ebd., S. 129) Der Reichtum zeigte sich auch in der Stadt, sie soll von Silber und Gold geglänzt haben (vgl. www.fernreise-weltweit.de). „Man sagt, daß (sic!) selbst die Hufeisen der Pferde in der Blütezeit Potosís aus Silber waren" (Galeano 1976, S. 82). Aus dieser Zeit stammt auch der Ausdruck „Das ist einen Potosí wert" (ebd., S. 82) wie auch schon Don Quijote Sancho zu verstehen gibt. Die dominierende Architekturform war, anders als der spanische Barock in Sucre, der Mestizenbarock, eine Stilform, die stark indianisch beeinflusst war. Ein beeindruckendes Beispiel dieses *estilo hispano-indígena*, ist das Portal der Kirche San Lorenzo, in dem die Indianer ihren Schmerz in den Karyatiden[7] ausdrückten. (vgl. Wilhelmy, Borsdorf 1985, S. 131).

Das Versiegen der Silberminen im 18. Jahrhundert bedeutete auch das Ende für die Glanzzeit Potosís. Schnell sank die Einwohnerzahl auf nur noch 10.000. Erst mit der Aufwertung von

---

[7] Eine *Karyatide* (griechisch καρυάτιδα, „Frau aus Karyai" [bei Sparta]) ist eine Skulptur einer weiblichen Figur mit tragender Funktion in der Architektur.

Zinn und dessen Abbau, konnte sich die Stadt wieder ein wenig erholen. Auch heute noch lebt die Stadt vom Bergbau (vgl. www.fernreise-weltweit.de). Vom Glanz der Kolonialzeit ist nicht mehr viel erhalten: von einigen Palästen stehen nur noch die Fassaden und Kirchen baute wurden zu Banken, Kinos oder Veranstaltungssälen umgebaut. (vgl. Wilhelmy, Borsdorf 1985, S. 131)

Die soziale Struktur und Verteilung der Altstadt lässt sich immer noch gut mit vor 400 Jahren vergleichen: die Oberschicht lebt im Zentrum, während die sozial schwächeren Schichten im Rand der Altstadt im Südosten dicht besiedelt haust. (vgl. ebd., S. 131; siehe Abbildung 10)

## 2.4.2.2    Potosí als Weltkulturerbestadt

Die Minenstadt Potosí schaffte es aufgrund der Kriterien ii, iv und vi (siehe hierzu auch Kapitel 2.1.4) 1987 auf die Liste der UNESCO (vgl. ICOMOS 1986, S. 1). Potosí gelte als das Beispiel *par excellence* einer größeren Silbermine moderner Zeiten und ist als ehemalige Achse des Welthandels von außergewöhnlichem universellem Wert (vgl. ebd., S. 2f.)

Potosí ist ein gutes Beispiel für die Frage, wessen Erbe überhaupt dargestellt wird, bzw. ob alle das gleiche Konzept von Erbe und universellem Wert haben. Wie ganz Bolivien ist die Stadt multiethnisch geprägt. Die Mehrheit der Einwohner ist indigenen Ursprungs und hat eine ganz eigene Form, die Vergangenheit und ihre materiellen Relikte wahrzunehmen und mit ihr in Verbindung zu treten, die nichts mit dem Konzept der UNESCO zu tun hat. So sind z.B. für viele andine Völker die Überbleibsel aus der Vergangenheit weder etwas, das ihnen gehört noch Zeugen ihrer Vorfahren, sondern sie gehören zu einer anderen Menschheit, einer anderen Generation von Menschen, zu denen keine Verbindung mehr besteht. (vgl. Absi, Cruz 2005, S. 5)

Das Land Bolivien sucht in seinen vielen historischen Stätten[8] nach seiner Identität und dem Erbe nach Instrumenten für eine Zukunft in der *„industria sin chimeneas"*. D.h. es wird eine Zukunft in der Tourismusindustrie gesucht, und weniger in der Schwerindustrie, von der die Mehrheit der Menschen in diesem kargen Land lebt. So wird dann mit der Unterstützung der *Agencia Española de Cooperación Internacional (AECI)* der Großteil der Projekte zur Erhaltung, Renovierung und Instandsetzung des historischen, kolonialen Erbes finanziert.

---

[8] Hier geht es nicht nur um bolivianische Städte, sondern um alle historische Stätten, die wichtig für die Geschichte Boliviens sind

Bolivien kann sehr gut als „Schmelztiegel" von Völkern bezeichnet werden, die die unterschiedlichsten Kulturen und materielle Produktionen erschufen, die zum großen Teil heute noch erhalten sind. Doch in der Darstellung des kulturellen Erbes lässt sich sehr gut erkennen, dass das Land immer noch große Schwierigkeiten hat, den indigenen Teil seiner Bevölkerung bzw. Geschichte anzuerkennen und wertzuschätzen, jenseits ihrer folkloristischen Version, die wiederum für den Tourismus als Unterhaltung dienen soll. (vgl. ebd., S. 5f.) Somit werden die lokalen Identitäten verneint, die es eigentlich zu stärken gelte. (vgl. ebd., S. 1)

## 2.4.3 Valparaíso

### 2.4.3.1 Entwicklung

Das „Paradiestal", Valparaíso, wurde 1536 als Hafen Santiago de Chiles Hafen gegründet, 1544 zum Haupthafen des Landes erhoben, wurde aber erst im Jahre 1802 zur Stadt ernannt. Die erste Entwicklungsphase der Stadt dauerte lange und war langsam, insgesamt vier Mal wurde Valparaíso während der ersten 75 Jahre zerstört. 1559 wurde eine Kapelle dort errichtet, wo heutzutage die *Iglesia de la Matriz* steht, um die herum sich später der historische Stadtkern entwickelte. Der wirtschaftliche Aufschwung kam erst mit der Öffnung des Kap Hoorn und dem Verlust der Monopolstellung Callaos als Umschlagplatz. So kamen, bis zur Öffnung des Panamakanals, viele Goldsucher auf dem Weg nach Kalifornien nach der Umsegelung des Kap Hoorn als erste Anlaufstelle nach Valparaíso und auch viele europäische Unternehmen ließen sich dort nieder, um die Handelsbeziehungen nach Chile auszubauen. (vgl. Jiménez Vergarara, Ferrada Aguilar 2003, S. 37; Wilhelmy,Borsdorf 1985, S. 162; Sánchez, Bosque, Jiménez 2009, S. 276)

Mit dem Handel entwickelte sich auch die Industrie, so dass Valparaíso 1880 zur Großstadt wurde. Die Stadt wird das wirtschaftliche Zentrum Chiles, national und international. Der Weg zwischen Santiago de Chile und Valparaíso war der meistbefahrene seiner Zeit. Ebenso wird Valparaíso Hauptstadt der gleichnamigen Region und eine der ersten beiden Banken des Landes wird dort gebaut. (vgl. Wilhelmy, Borsdorf 1985, S. 163; Sánchez, Bosque, Jiménez 2009, S. 276f.)

Aufgrund der wirtschaftlichen Attraktivität entwickelt sich Valparaíso auch mit der zweiten Hälfte des 19. Jahrhunderts zum großen Portal für Einwanderer, vornehmlich Engländer, Deutsche, Franzosen, Italiener, Jugoslawen sowie Nordamerikaner, die dem Bild der Stadt auch eine neue Besonderheit gaben, da sie ihre Gewerbe in der Stadt aufbauten und teilweise ihre eigenen Stadtteile mit eigenen Bezeichnungen gründeten sowie eigene Zeitungen verlegten. (vgl. Sánchez, Bosque, Jiménez 2009, S. 277)

Einen großen Einschnitt erfuhr diese Blütezeit durch das große Erdbeben von 1906, mit der Salpeterkrise, der Öffnung des Panamakanals 1914 sowie der Wirtschaftskrise 1929. Aufgrund dessen verließen viele die Stadt, ließen ihre Häuser zurück, was zu einer Abwertung und einem Verfall der Stadt führte. (vgl. Wilhelmy, Borsdorf 1985, S. 164; Jiménez Vergara, Ferrada Aguilar 2003, S. 38; Sánchez, Bosque, Jiménez 2009, S. 277f.)

Durch die geografischen Gegebenheiten entstand ein besonderer Aufbau der Stadt. Sie breitete sich zu den Hügeln, die die Bucht umgeben, hin aus. Über diese Hügel erheben sich die Gebäude, die der Stadtmorphologie ein ihr eigenes Aussehen verleihen. Typisch für eine südamerikanische Hafenstadt entstand hier eine Ober- wie eine Unterstadt, die 1882 mit Aufzügen miteinander verbunden wurden, um die Verkehrsverbindung aufgrund des hohen Gefälles von bis 63,5° zu erleichtern. Die vielen Treppen und Steigungen sowie das Ausnutzen des wenig vorhandenen Platzes mit mehrstöckigen Häusern geben das charakteristische Bild Valparaísos wieder. Unterschiedliche Stadtelemente verleihen der Stadt auch ein gewisses lusitanisches Aussehen: die amphitheatralische Stadtanlage, die Aufzüge, die englische Architektur der Unterstadt ebenso wie die Dominanz von Handel  lassen einen an das alte Portugal denken, obwohl die Portugiesen in dieser Gegend keinen Einfluss hatten. (vgl. Sánchez, Bosque, Jiménez 2009, S. 279f; Jiménez Vergara, Ferrada Aguilar 2003, S. 39; Wilhelmy, Borsdorf 1985, S. 164f.)

Abbildung 9: Valparaíso

Quelle: Sánchez, Bosque, Jiménez 2009, S. 278

### 2.4.3.2 Valparaíso als Weltkulturerbestadt

Für Valparaíso war es Kriterium iii (siehe hierzu auch Kapitel 2.1.4), das ihm zur Eintragung in die Liste der Weltkulturerbestätten verhalf. Im März 2003 bestätigte ICOMOS der Stadt die Würdigkeit des Titels: „Valparaíso is an exceptional testimony to the early phase of globalisation in the late 19th century, when it became the leading merchant port on the sea routes of the Pacific coast of South America" (vgl. ICOMOS 2003, S. 147, S. 152). Der eingetragene Bereich lässt sich aus der folgenden Abbildung entnehmen.

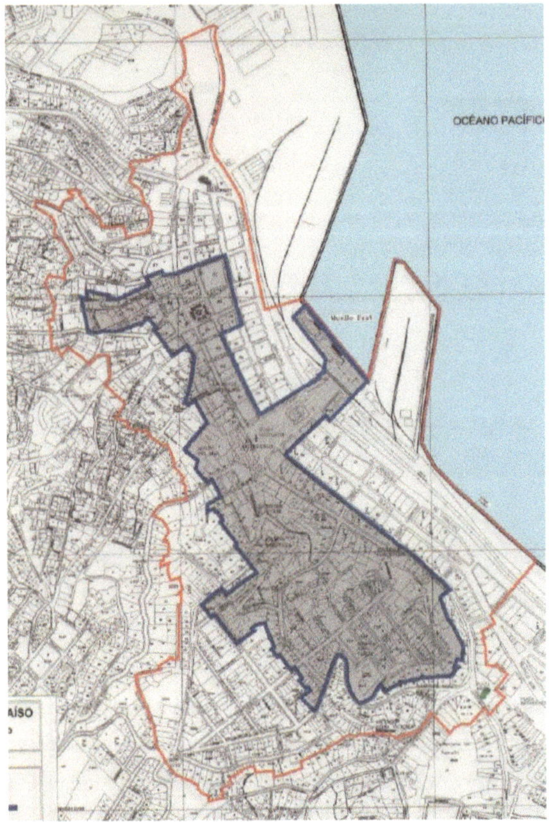

Abbildung 10: in die Weltkulturerbeliste eingetragener Bereich Valparaísos

Quelle: http://whc.unesco.org/en/list/959/documents, (letzter Zugriff: 21.01.2012)

Seit seiner Entstehung definiert sich Valparaíso über seinen Hafen. Die Bewohner Valparaísos werden daher auch *porteños* genannt. Noch bis in die 50er Jahre des letzten Jahrhunderts war der Hafen ein Ort voller Möglichkeiten, von Wachstum, einer stabilen Wirtschaft und das Niveau der Lebensqualität war hoch. Die *Plaza Echaurren,* zusammen mit der Kirche *La Matriz* und dem *Mercado del Puerto* formten ein Dreieck großer Lebensfreude, eines Reichtums, architektonisch wie auch im übertragenen Sinne, der dem ganzen seine eigene kulturelle Identität gibt. Mit der Industrialisierung verlor der Stadtteil des Hafens seinen Glanz. (vgl. Delaveau Santander 2005, S. 3)

Mit der Erklärung zum Weltkulturerbe hatte Valparaíso die Möglichkeit zur Erneuerung, zum Bewusstsein und dem Schutz des Erbes. Damit einher gingen auch Veränderungen in den

Stadtteilen und eine Erneuerung des Angebots an Dienstleistungen für die Touristen, die in die Stadt kommen sollten. Der Tourismus sollte zum treibenden Wirtschaftsfaktor werden. Dazu wurden Projekte wie „el turismo es riqueza" oder „este es mi patrimonio" ins Leben gerufen. Doch für die Bewohner des Hafenviertels hatte all dies negative Folgen: durch das neue Angebot wurde ihr Stadtteil aufgewertet und in Folge dessen zog eine neue, wohlhabendere Schicht und vertrieb damit Stück für Stück die alten Bewohner, die sich diesen neuen Standard nicht mehr leisten konnten, an den Rand des Viertels. Im Sinne von Aleida Assmann kann hier von einem Erinnerungsort gesprochen werden (siehe hierzu Kapitel 2.3). Durch die Bemühungen der Stadt, den Welterbestatus für Einnahmen aus dem Tourismus zu nutzen, ist aus dem Hafenviertel ein ganz neuer Ort geworden, der mit der florierenden Zeit davor nichts mehr zu tun hat. Die Bewohner der Stadt befürworten diesen Wandel nicht (vgl. ebd., S. 12f).

### 2.4.4 Salvador da Bahia

### 2.4.4.1 Entwicklung

Abbildung 11: Bahia de Todos os Santos

Quelle: Wilhelmy, Borsdorf 1985, S. 375

Geschützt an der *Bahia de Todos os Santos,* der Allerheiligenbucht, gründete Tomé de Souza am 29. März 1549 die Stadt *Cidade de São Salvador da Bahia de Todos os Santos*, als zentralen Ausgangspunkt für die weiteren Eroberungen des Landes, dessen Ausmaße noch nicht bekannt waren. Das große Interesse der Portugiesen lag vor allem im Anbau von Zuckerrohr, für den das Land die besten Voraussetzungen bietet. Da sich die Indianer vehement wehrten, wurden ab 1551 afrikanische Sklaven nach Brasilien verschifft und Salvador wurde zu einem der wichtigsten Einfuhrhäfen. Um das fruchtbare Land um die Stadt herum, den *Recôncavo*, für den Zuckeranbau nutzen zu können, wurden ab 1553 alle dort lebenden Indianer ausgerottet. Durch das Florieren der Zuckerindustrie wurde Salvador da Bahia für lange Zeit zum politischen und wirtschaftlichen Zentrum des Hinterlandes, zur Hafen- und Exportstadt sowie zur Residenzstadt vieler Adliger, Beamten und des Großbürgertums. Diese Entwicklung führte auch zu einer Ausdehnung der Stadt im 16. Jahrhundert und dem Bau wichtiger Klöster. (vgl. Augel 1991, S. 24; Wilhelmy, Borsdorf 1985, S. 375ff.)

Nach vielen Angriffen der Holländer, die in einer zehnmonatigen Besetzung endeten, wurde angefangen, zur Sicherheit Festungen zu erbauen, die dem Schutz gegen Feinde zu See als auch gegen die Indianer und geflohenen Sklaven dienten. Ebenso stellten sie den Zugang zum *Recôncavo* sicher. Auch im 17. Jahrhundert wuchs die Stadt mit Hilfe des Zuckerrohranbaus und die Bevölkerung nahm zu. Da das Bürgertum innerhalb der Stadtmauern wohnen wollte und nicht auf dem günstigen Boden außerhalb, entstand ein Stadtbild mit hohen Häuser, die aufgrund der Enge schlecht gelüftet werden konnten und die die immer enger werdenden Straßen verdunkelten. (vgl. Augel 1991, S. 25f.; Wilhelmy, Borsdorf 1985, S. 376f.)

Rückschläge erlitt die Stadt im Anschluss an die Vormachtstellung der Niederländer im Zuckerrohranbau, die sich in Pernambuco eine 25-jährige Herrschaft aufgebaut hatte, und wesentlich moderner arbeiteten als die Baianer, die sich jeder Modernisierung verweigerten. Durch den Fund von Gold und Diamanten in Minais Gerais gegen Ende des 17. Jahrhunderts verlagerten sich das Interesse und auch die benötigten Sklaven immer mehr in den Norden des Landes, was letztendlich 1763 zur Verlegung der Hauptstadt von Salvador nach Rio de Janeiro führte. (vgl. Augel 1991, S. 26)

Abbildung 12: Baiana

Quelle: Augel, Parente Augel 1984

Das Sklaverei prägte die Stadt Salvadors sehr. Sie war ein großer Umschlagplatz für die aus Afrika gebrachten Sklaven, die auf dem Markt in der Stadt versteigert wurden. Die Statistiken liefern verheerende Zahlen: Anfang des 18. Jahrhunderts kamen im Jahr bis 200 Sklavenschiffe an, zwischen den Jahren 1785 und 1795 wurden 50.000 und zwischen 1812 und 1830 136.000 gezählt. Insgesamt sollen so in den 300

Jahren brasilianischer Sklaverei  drei Millionen Afrikaner nach Brasilien verschifft worden sein. Im Jahr 1850 wurde erst die Einfuhr und im Jahr 1888 dann auch die Haltung von Sklaven verboten. Damit wurden 600.000 Schwarze und Mulatten zu freien Bürgern und die Zuckerrohrwirtschaft brach zusammen. Auch heute noch prägen deren Nachfahren das Bild Salvador da Bahias, gut 75-80% der Bevölkerung sind farbig. Vor allem die Frauen, die Baianas, kommen einem in den Sinn, die vor ihren Häusern sitzen und Essen verkaufen möchten. (vgl. Wilhelmy, Borsdorf 1985, S. 377)

## 2.4.4.2     Salvador da Bahia als Weltkulturerbestadt

1985 war es für die frühere brasilianische Hauptstadt soweit. Mit folgender Begründung, und auf Basis der Kriterien iv und vi (siehe hierzu auch Kapitel 2.1.4), wurde das historische Zentrum mit auf die Liste der Weltkulturerbestätten genommen: „Salvador da Bahia is an eminent example of Renaissance urban town planning adapted to a colonial site by having an upper city of a defensive, administrative and residential nature which overlooks the lower city where commercial activities revolve around the port. The density of monuments makes it, along with Ouro Preto, the colonial city par excellence in the Brazilian Northeast. It is one of the major points of convergence of European, African and American Indian cultures in the 16th-18th centuries" (ICOMOS 1983, S. 1f.)

„Der Beginn der strukturellen Aufwertung begann im Herzen der Altstadt am Largo do Pelourinho – dort wo auch die Demütigung der Sklaven am Pranger bis zur endgültigen Abschaffung der Sklaverei im Jahre 1888 stattfanden" (Rothfuß 2007, S. 46) Mit der steigenden touristischen Nachfrage, vor allem internationaler Touristen, ab den 1960er Jahren und aufgrund der katastrophalen Wohnsituation, bedingt durch systematische Vernachlässigung, kam die Stadtverwaltung Salvador da Bahias zu der Ansicht, dass hier etwas gemacht werden müsste, um die Situation zu verbessern und für die Touristen attraktiver zu gestalten. Im Zuge dessen wurde 1967 die Denkmalbehörde IPAC (*Instituto do Patrimônio Artístico e Cultural da Bahia*) gegründet und die ersten Projekte in Angriff genommen: die Aufwertung des Kanalisationssystems, der Elektrifizierung sowie der Infrastruktur. Die Restaurationen erfolgten in erster Linie zu touristischen Zwecken in den Gebieten des Largo de Pelourinho, der Rua Alfredo Brito (Maciel) als auch am Terreiro de Jesus. Mit finanziellen Mitteln der UNESCO und der Weltbank konnten an die 30 Gebäude überholt werden. Ab 1972 kümmerte sich dann allerdings die brasilianische Regierung sowie die Regionalplanungsbehörde CONDER (*Companhia de Desenvolvimento da Região Metropolitana de Salvador*) um die Finanzierung. All dies führte jedoch zu einer Wertsteigerung der Gebäude und zu einer Umsiedelung und Vertreibung der ansässigen Bevölkerung (vgl. ebd., S. 46). In dieser ersten Restaurationsphase der 70er Jahre wurden ganze drei Wohnhäuser „als ausreichender Beleg zur Demonstration eines sozialen Gewissens" (ebd., S. 47) restauriert.

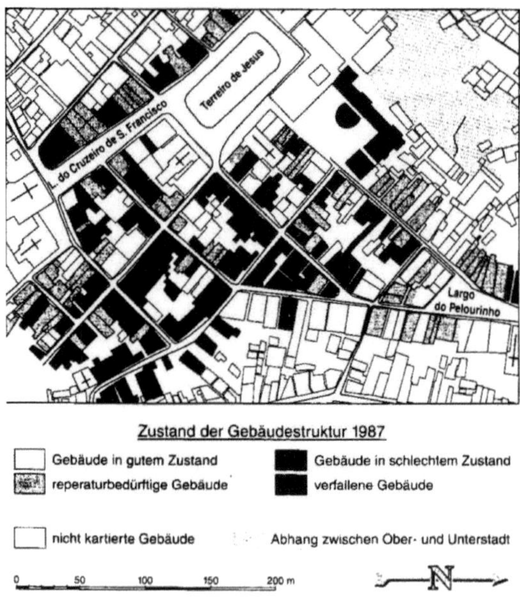


Abbildung 13: Zustand der Gebäudestruktur 1987

Quelle: Rothfuß 2007, S. 49

In der anschließenden Phase verschlechterte sich die Situation weiterhin und die Belange der Bewohner wurden komplett unter den Tisch gekehrt. Durch den Umbau der Wohngebäude in öffentliche Häuser änderte sich der Charakter dieses Gebietes von einem reinen Wohngebiet hin zu einem funktionalen. Öffentlich wurde zugegeben, dass ein soziales Problem bestünde, dass angegangen werden müsse, allerdings kümmerte sich die Polizei im Hinterhalt mit der sogenannten *Operação Limpeza* (vgl. ebd., S. 46) um die soziale „Säuberung", um Platz für Investitionen zu haben. So wurden Möbel zerstört und Passanten und Prostituiere grundlos verprügelt und ins Gefängnis gesperrt. Gegen diese Macht hatten die Bewohner keine Chance. Erst 1982, mit der Gründung eines Komitees der Bewohnervertreter, war für die Bewohner ein Mittel gefunden, um sich zur Wehr setzen zu können. (vgl. ebd., S. 47)

Ab 1980 nimmt der Tourismus in Bahia mit 17% Wachstumsrate zu und wird mit zum wichtigsten Wirtschaftsfaktor. Auch das internationale Interesse steigt. Die Aufnahme der Altstadt in die Weltkulturerbeliste 1985 durch die UNESCO lässt auch noch die letzten Keime des Interesses für die Bewohner ersticken und die Sicherung der historischen Gebäude erhält oberste Priorität. (vgl. ebd., S. 47)

Ab 1992, wieder mit finanzieller Unterstützung der UNESCO, der Weltbank und auch einigen bahianischen Kreditanstalten, erstellte die IPAC den Plan des *Projeto de Restauraçãoe e Revitalição do Centro Histórico de Salvador* in sieben Etappen. In der ersten bis sechsten Phase (1992-2002) wurden in etwa 1.350 Häuser, Kirchen, Monumente und Museen renoviert. Des Weiteren entstanden Geschäfte, Galerien, Kulturzentren, Schulen und Hotels. Ebenso erfolgte eine staatlich organisierte Umsiedelung der Wohnbevölkerung in andere Wohngebiete. Mit Hilfe einer statistischen Erfassung durch die IPAC (Daten zu Anzahl der Familienmitglieder, Alter, Wohndauer,…) wurde eine Basis zur Errechnung von Entschädigungsleistungen erstellt. Diese betrugen zwischen 220 € und 400 € und entledigten jeder Aussicht auf Rückkehr in die alte Wohnung. (vgl. ebd., S. 48f.)

In der siebten Phase, die 2002 begann, sollten dann doch noch Wohngebiete erhalten bleiben. Allerdings wurde die Miete höher angesetzt, als sich die niederen Bevölkerungsschichten leisten konnten. Damit wurde das Zuziehen finanzstärkerer Gruppen mit festen Arbeitsplätzen (v.a. im Tourismus und Behörden) erwirkt. (vgl. ebd., S. 49)

Rothfuß spricht angesichts dieses Prozesses vom Phänomen der *Tourismus-Gentrification*, das heißt von der staatlich geplanten, wirtschaftlichen Aufwertung des Altstadtviertels durch Vertreibung und Umsiedelung der alten Bevölkerung zu touristischen Zwecken.[9] (vgl. ebd., S. 42f.) „Das ehemals lebendige Herz von Salvador ist durch staatliche Maßgabe zu einer baulichen Barockkulisse reduziert worden, welche nur noch dazu dient, die Konsumbedürfnisse der Touristen und vergnügungsorientierten Mittelschicht zu befriedigen." (ebd., S. 50)

---

[9] Im Vergleich zur allgemeinen Auffassung von Gentrification als „Aufwertungsprozess in baulich vernachlässigten Nachbarschaften, die neben der physisch strukturellen Aufwertung durch eine Verdrängung von statusniederen durch statushöheren Bewohner gekennzeichnet sind (vgl. Rothfuß 2007, S. 42)

## 2.4.5 Havanna

### 2.4.5.1 Entwicklung

„Havanna vereint alle Widersprüche, die Kuba repräsentieren, in einer Mischung aus dem Glanz vergangener Zeiten und dem heutigen Verfall" (Nau 2003, S. 41). Diese widersprüchliche Stadt, die Hauptstadt Kubas, gründeten die Spanier im November 1519 unter dem Namen *San Cristobal de la Habana*. Schon 1515 wurde in der Nähe eine Stadt gegründet, die sich aber nicht lange hielt. So wurde weiter die Küste entlang Richtung Norden gezogen, wo es eine große Bucht mit schmalem Eingang, geschützt von den umliegenden Hügeln, gab. Hier sollte die neue Stadt entstehen. (vgl. Pereira 1984, S. 18)

Abbildung 14: Sicht auf Havanna und dessen Bucht von Eduardo Laplante (1818-?)

Quelle: Pereira 1984, S. 18

Von Havanna aus sollte weitergezogen werden, nach Mexico, El Dorado, El Darien, in der Hoffnung, dort die Reichtümer der Neuen Welt zu finden. Doch schnell merkte die Spanische Krone, dass Havanna aufgrund seiner günstigen Lage an der Straße von Florida zum Haupthafen zwischen dem spanischen Festland und den Indies werden konnte, und verlieh Havanna anno 1592 den Titel einer Stadt (vgl. ebd., S. 18; Struck 2008, S. 70). Mit dem Stadtrecht kam auch die Struktur des Schachbrettmusters: es wurden Cuadras eingeteilt, es entstand die zentrale *Plaza Mayor,* heute *Plaza de Armas,* sowie es die Ordenanzas vorschrieben (siehe Kapitel

2.2.1) (vgl. Struck 2008, S. 71). Havanna wurde für Spanien zum „Schlüssel zur neuen Welt, Stützpunkt Westindiens" (ebd., S. 71).

Aufgrund vieler Angriffe von Piraten, die um die besondere Stellung Havannas wussten, wurden Wehrbefestigungen sowie Festungen errichtet, die die Stadt uneinnehmbar machten. Dieser Aufrüstungswahnsinn ist heutzutage noch im Morroschloss, in La Punta sowie dem Castillo de la Real Fuerza, das von 1555-1577 erbaut wurde, erhalten (vgl. Pereira 1984, S. 18). Und es entstanden weitere Plätze: die *Plaza de San Francisco,* an der die eingeschifften Waren umgeschlagen wurden, die *Plaza del Cristo del Buen Vieja* sowie die *Plaza de la Catedral,* der wichtigste Platz aufgrund der religiösen Funktion der Kathedrale. Des Weiteren wurden Kirchen und Klöster errichtet. Mit den Seemännern kamen viele Läden, Werkstätten sowie Handel in die Stadt. Ebenso fand sich in Havanna die größte Werft Amerikas. (vgl. ebd., S. 19; Struck 2003, S. 70f.)

Die Stadt entwickelte sich kontinuierlich weiter und wuchs nach außen, bis im Jahre 1762 die Engländer Kuba eroberten und die Insel 11 Monate lang unter der Herrschaft Englands stand. Nach dieser Zeit fiel Kuba wieder zurück an Spanien. Doch der kurze Einschnitt hatte Folgen: zum einen wurde die Stadt stark beschädigt, zum anderen gab es auch wirtschaftliche Folgen. Unter der Krone Englands kam es zu regem Handel mit Nordamerika, Jamaika und Großbritannien. Kuba wurde der Freihandel zugesprochen, was zum Boom der Wirtschaft Havannas führte. Auch die Unabhängigkeit der USA sowie der Zusammenbruch der Zuckerproduktion Haitis Ende des 18. Jahrhunderts förderten diesen Zustand. Die Stadt konnte weiterwachsen, es wurden neue Festungsanlagen und Prachtbauten errichtet und es wurde sich darum bemüht, die Verwüstung der Engländer ungeschehen zu machen (Widderich 2002, S. 8).

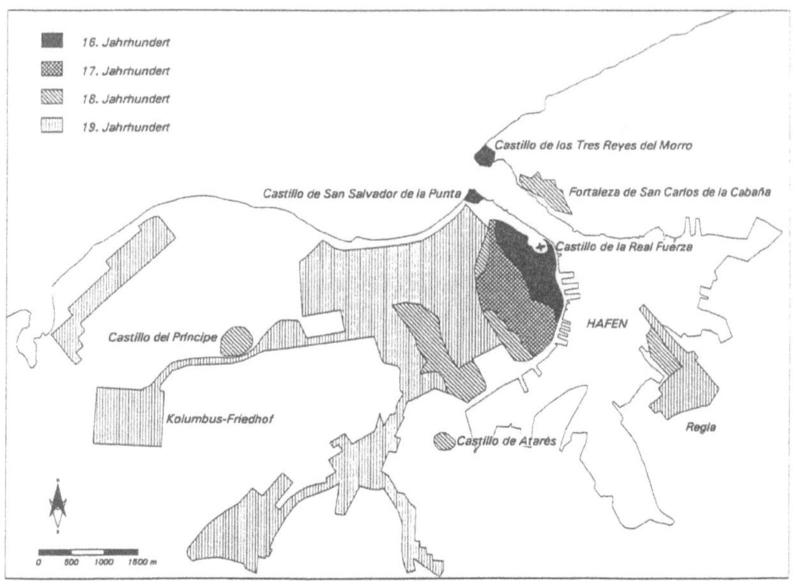


Abbildung 15: Kolonialzeitliche Entwicklung Kubas

Quelle: Widderich 2002

Ein weiteres einschneidendes Datum in der Geschichte Havannas markiert das Ende der Kolonialherrschaft 1898 und die daran anschließende Verwaltung Kubas durch die Vereinigten Staaten von Amerika. Infolgedessen verließen viele Spanier, insbesondere die in der Altstadt wohnenden Adligen, Kuba und die nun leer stehenden Häuser wurden von sozial niedrigeren Bevölkerungsgruppen besetzt und ihren Vorstellungen entsprechend umgebaut. Hiermit setzten eine Degradierung und das Entstehen von Massenquartieren ein und die noch verbliebenen Adligen zogen in die Außenbereiche der Stadt. In eine Renovierung wurde nicht investiert, da nicht an die Kolonialzeit erinnert werden sollte. (vgl. ebd., S. 10f.; Struck 2008, S. 71)

Jedoch entstanden in der Altstadt, in der *zona de ampliación*[10], der Präsidentenpalast und begründete damit das politisch-administrative Zentrum. Clubs, Hotels und Theater gaben diesem Gebiet den gesellschaftlichen Charakter. Hier konnte bis in die 50er Jahre das „Herz Havannas" gefunden werden (vgl. Widderich 2002, S. 12). Mit dem Anstieg der Nachfrage nach Zucker und mehr Einnahmen aus dem Tourismus kam es 1952 zum Bauboom. Die Stadtrandgebiete wurden aufgewertet und die Altstadt wurde hauptsächlich von ländlichen Zuwande-

---

[10] Erweiterungszone zwischen Prado und der ehemaligen Stadtmauer (vgl. Widderich 2002, S. 11)

rern bevölkert. Die Wohndichte und somit auch die Degradierung des historischen Stadtkerns nahmen zu und Kriminalität und Prostitution hielten Einzug. Das Herz der Kolonialstadt wurde zum „proletarischen Viertel" (Struck 2008, S. 71): aufgrund von Überbevölkerung sowie fehlender Infrastruktur und Investitionen drohte der Verfall der Gebäude. (vgl. Widderich 2002, S. 12f; Struck 2008, S. 72f.) „Verschiedenste Beschreibungen über die Stadtlandschaft Havannas betonen den krassen Unterschied zwischen architektonischer Fassade und den sozialen Verhältnissen im Innern der Gebäudeanlagen" (Pichler 2008, S. 215)

Die Revolution in Kuba 1959 kam jedoch zu spät, um an diesem Zustand noch etwas zu ändern. Das Eigentum fiel dem Staat zu und somit konnten Häuser beschlagnahmt, Wohnungen umverteilt und über den gesamten Wohnraum verfügt werden. Einige Gebäude waren schon unwiederbringlich zerstört und konnten auch aufgrund der fehlenden Mittel des Staates nicht erneuert werden. Ab 1938 gab es das Büro des Stadthistorikers, der mit dem Erhalt der historischen Bausubstanz beauftragt wurde. Doch erst mit dem Sozialismus 1970 begann der Einsatz für das kulturelle Erbe (vgl. Struck 2008, S. 73).

### 2.4.5.2 Havanna als Weltkulturerbestadt

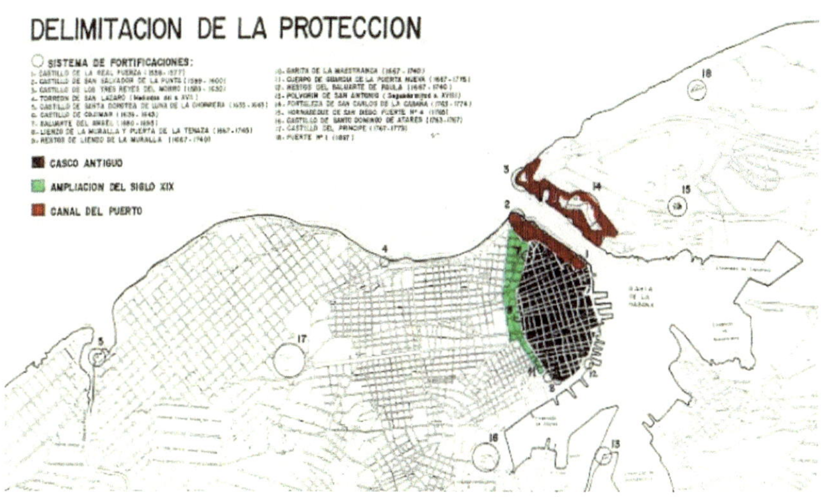


Abbildung 16: Gebiet des Weltkulturerbetitels Havana Vieja

Quelle: http://whc.unesco.org/en/list/204/documents/, (letzter Zugriff: 24.01.2012)

Havana Vieja, einschließlich der Festungsanlagen, erreichte den Weltkulturerbestatus 1982. ICOMOS befürwortete die Aufnahme auf Grund der Kriterien iv und v (siehe hierzu auch

Kapitel 2.1.4). Havanna habe sich zur wichtigsten Stadt der Insel entwickelt, was sie auch heute noch ist, und das koloniale Gefüge, mit seinen vier großen Plätzen *Plaza de la Catedral, Plaza San Francisco, Plaza Vieja* sowie die *Plaza de las Armas* habe sich bis heute erhalten. (vgl. ICOMOS 1981)

Schon vor der Ernennung war Kuba darum bemüht, das sich in elendem Zustand befindende historische Zentrum Havannas zu renovieren, doch mit diesem Zeitpunkt wurden diese Bemühungen verstärkt. Schon im Jahr 1976 zeichnete die *Dirección de Patrimonio* die besonderen architektonischen Werte des historischen Zentrums aus, zwei Jahre später erhielt die Altstadt nationalen Denkmalstatus und 1981 begann das Büro des Stadthistorikers, das schon 1938 gegründet und mit dem Erhalt der historischen Bausubstanz beauftragt wurde, mit einem Fünf-Jahres-Plan die Altstadt systematisch zu sanieren. Im Zusammenhang mit der Aufnahme durch die UNESCO wurde das kubanische *Centro Nacional de Conservación, Restauración y Museología* (CENCREM) gegründet, das zusammen mit der *Dirección Provincial de Planificación Fisica y Arquitectura* (DPPFA) im Jahr 1985 Richtlinien für die Instandsetzung ausarbeitete. 1991 entstand dann der *Plan Director Municipal,* mit dessen Umsetzung auch kurz darauf begonnen wurde. (vgl. Losego 2003, S. 251f.)

Dies zeigt, dass die Erhaltung einen hohen Stellenwert einnahm, doch viele Faktoren, wie die schlechte Koordination, die Administration, die Finanzplanung und die Problemlösung, führten dazu, dass 1994 ein neuer Plan mit dem Büro des Stadthistorikers entwickelt wurde: der *Plan Maestro de Revitalización Integral de La Habana Vieja.* Mit diesem Plan sollte die Wirtschaft nachhaltig gefördert und effektiv dezentralisiert werden, das weltweite Bild der Stadt sollte verbessert werden, die lokale Bevölkerung sollte ihre Gemeinden wiederbeleben und die Lebensqualität der Bewohner sollte verbessert werden (vgl. ebd., S. 252). Oberste Priorität wurde jedoch dem Tourismus eingeräumt. So sagte Fidel Castro in seiner Eröffnungsrede des IV. Kongresses der kommunistischen Partei Kubas am 10. Oktober 1991:

> „Wir sind dabei, jedes Jahr tausende und abertausende Zimmer für den internationalen Tourismus zu bauen. Es genügt zu sagen, daß (sic!) der Tourismus in diesem Jahr neben direkten und indirekten Einkünften anderer Institutionen ungefähr 400 Mio. Dollar eingebracht hat, und wir hoffen, daß (sic!) wir für das Jahr 1992 ungefähr 600 Mio. Dollar erreichen. Das Wachstum der Einkünfte durch Tourismus ist bemerkenswert, und es ist sehr wichtig, die Notwendigkeit zu verstehen, die in unserem Land bezüglich des Tourismus herrscht, auch wenn für uns damit einige Opfer verbunden sind. Wir würden uns gern selbst an all den Hotels erfreuen, aber hier geht es darum, das Vaterland, die Revolution und den Sozialismus zu retten. Wir brauchen diese Ressourcen angesichts der Lage, die ich euch erläutert habe." (Nau 2008a, S. 93)

Dank wachsender Tourismuszahlen in der Karibik ist die Hoffnung groß, dass mit der Förderung des Fremdenverkehrs in Kuba die ökonomische Situation verbessert werden kann. Bis zu Beginn der 1990er Jahre ließ sich das auch gut umsetzen: der kubanische Staat konnte alle Kosten für die Instandsetzung der historischen Altstadt aus der eigenen Kasse bezahlen. Doch die *Periodo Especial*[11] machte dies weiterhin unmöglich. Im Zuge dessen wurde der Stadthistoriker mit dem *Decreto-Ley No. 143* vom 30. Oktober 1993 direkt dem Staat unterstellt und konnte autonom Finanzmittel beschaffen. Mit diesem Erlass konnte er kommerzielle Tätigkeiten in La Habana lenken, eigene Unternehmen gründen, mit ausländischen Firmen und NGO Verträge eingehen, Bankkonten eröffnen, Spenden erhalten und Handelsgeschäfte abwickeln wie er wollte. (vgl. Losego 2003, S. 253) Der Stadthistoriker wusste diesen Freiraum clever zu nutzen, und er konnte seine Einnahmen von 3 Mio. Dollar im Jahr 1994 auf 11 Mio. im Jahr 1995, 21 Mio. im Jahr 1996 bis zu 33 Mio. im Jahr 1997 erhöhen. (vgl. ebd., S. 253). Eusebio Leal Spengler, der seit 1967 dieses Amt ausführt (vgl. habananuestra 2012), hat sich in diesem Freiraum ein eigenes kleines Imperium aufgebaut.

So gründete er z.B. auch ein eigenes Tourismusunternehmen, Habaguanex S.A., mit dem er Hotels, Restaurants, Cafés und andere devisenbringende Einrichtungen in der Altstadt baute und vor allem auch viele ausländische Joint Ventures einging (vgl. Struck 2008, S. 74). Diese Einrichtungen brachten zwar auch Arbeitsplätze für die einheimische Bevölkerung mit sich, doch von dem Multiplikatoreffekt spürten sie nichts. Mit den wenigen Pesos, die sie sich mit ihrer Arbeit verdienten, haben sie nur eingeschränkte Einkaufsmöglichkeiten in dem vom Dollargeschäft dominierten Havana (vgl. Scarpaci, S. 190). Somit rückte der Tourismus immer weiter in den Vordergrund, und die Verbesserung der Lebensbedingungen der Einwohner immer mehr in den Hintergrund. Auch wenn im Gegensatz zu Salvador da Bahia keine gezielte Vertreibung der Bevölkerung initiiert wurde und hauptsächlich leer stehende Häuser und Ruinen für den Tourismus aufbereitet wurden, so werden dennoch die Wohngebiete „verborgen" und vor den Blicken der reichen Touristen versteckt. Hiermit entsteht ein Minderwertigkeitsgefühl der *habaneros* und ihnen wird der Gegensatz ihrer Lebensumstände im Vergleich zu denen der Urlauber schmerzlich bewusst (vgl. Losego 2003, S. 259; Struck 2008, S. 74f.). Eine kubanische Putzfrau drückt die Situation wie folgt aus: „Der Tourismus bedeutet einen wirtschaftlichen Vorteil für das Land und für die Leute, die es verstehen, ihn sich zunutze zu machen. Aber für den Kubaner an sich bedeutet der Tourismus etwas, das ins Land kommt, um sich das Unsere zu stehlen." (Nau 2008a, S. 100) Und ein Student sieht das Ganze so:

---

[11] Sonderperiode in Friedenszeiten, 1993 ausgerufen von Fidel Castro auf dem Höhepunkt der kubanischen Wirtschaftskrise, galt 2006 als weitgehend überwunden (vgl. Nau 2008b, S. 92)

„Der Tourismus hat auch den Unterschied in den Einkommen und den Unterschied in unserer Bevölkerung verursacht, denn bis ins Jahr 1990 waren diese Unterschiede [durch den Sozialismus] weniger sichtbar, doch heute sind sie offensichtlich." (ebd., S. 101)

All das lässt zurückdenken an die Kolonialzeit, in der die zentrale *plaza* der Mittelpunkt des Wohlstands war und die, die am Stadtrand wohnten, nur zuschauen konnten. (vgl. Struck 2008, S. 75) Und es erschleicht einen das Gefühl, dass hier mehr restauriert wurde, als gedacht wurde.

3.  Fazit – Lateinamerika: ein Kulturraum?

Natürlich können die Ergebnisse der betrachteten Städte nicht für jede Weltkulturerbestadt in Lateinamerika und auch nicht immer im gleichen Ausmaß sprechen. Der Leser möge zum Beispiel an die erst in den 1960er Jahren gebaute brasilianische Hauptstadt Brasília denken, die den Titel seit 1987 trägt (vgl. UNESCO 2012a) und nicht in das Raster der Kolonialstädte fällt. Dennoch lassen sich anhand der Untersuchung einige allgemeine Schlussfolgerungen zur Konstruktion des kulturellen Erbes in Süd- und Mittelamerika ziehen.

Ganz offensichtlich ist es, dass der Weltkulturerbestatus häufig dafür genutzt wird, um den Tourismus zu erhöhen und damit die wirtschaftliche Kraft der Stadt zu verbessern. Aus dem ursprünglichen Gedanken, etwas aus der Vergangenheit für die nachkommenden Generationen zu erhalten (siehe hierzu auch Definiton von „Erbe" der UNESCO, Kapitel 2.1.1.1) ist ein Mittel zur Geldbeschaffung geworden. Im Zuge dessen definiert Scarpaci den Begriff „Erbe" neu und sagt: „Heritage means using the past as an economic resource for the present" (Scarpaci 2006, S. 18). Im Zusammenhang damit wird sehr oft der Begriff „Disneyfizierung" verwendet. So meint z.B. Pichler im Bezug auf Havanna: „Wie es die Ironie der Geschichte will, ähnelt das neu geschaffene Althavanna den Stadtinszenierungen, die überall auf der Welt im Geiste Disneys als innerstädtische Themenparks zu Touristenattraktionen machen" (Pichler 2008, S. 215) und auch Struck ist der Meinung, dass „[d]ie kolonialen Altstädte zum „Disneyland" oder zu künstlichen Erlebniswelten geworden [sind]; Konstrukte, die außer einer Kulisse, uns kaum etwas über die Kolonialzeit verraten" (Struck 2008, S. 65).

Die lokale Wohnbevölkerung, die Indígenas sowie die Nachfahren der importierten, afrikanischen Sklaven profitieren davon allerdings herzlich wenig. Alles was sie bekommen, ist soziale Ungleichheit und Ausgrenzung. Ebenso wie ihre Vorfahren von der Feudalgesellschaft, werden sie nun von Politik und Wirtschaft ausgebeutet. In diesem Sinne ist aus einer „rassischen Apartheid […] eine ökonomische Apartheid geworden" (Rothfuß 2007, S. 52). Wie in der Kolonialzeit findet sich eine strikte Trennung der Gesellschaft, allerdings ein wenig verschoben: lebten früher die Reichen direkt an der *Plaza* und je ärmer jemand war, umso weiter davon entfernt lebte er, so finden sich die Mittellosen heute im Stadtkern, während die Reichen in die Vororte an den Stadtrand gezogen sind.

Und eben diese Kolonialzeit bzw. die materiellen Überreste, die sich in den historischen Altstädten manifestieren, wurden nun mehrfach zum universellen Kulturerbe erklärt. Beim Betrachten des Bildbands „Das UNESCO-Welterbe" vom Weltbildverlag und beim Lesen der jeweiligen zugehörigen Beschreibungen zu den einzelnen, in Lateinamerika ausgezeichneten, Städten fällt einem immer wieder das Wörtchen „kolonial" ins Auge. So zählt Zacatecas in Mexiko „zu den schönsten Zeugnissen spanischer Kolonialarchitektur in der Neuen Welt" oder Cartagena in Kolumbien qualifiziert sich mit seinen „kolonialzeitlichen Denkmälern" sowie die Altstadt von Goiás „ein idealtypisches Beispiel einer portugiesischen Kolonialsiedlung in Südamerika dar[stellt]", um nur einige Beispiele zu nennen (Albus 2011, S. 420 – 481). Zum Einen stellt sich hier die Frage, wo der außergewöhnliche universelle Wert (siehe hierzu Kapitel 2.1.4) ist, wenn in der Mehrheit der Städte das koloniale Erbe ausgezeichnet wird. So stark können sich die Städte nun auch nicht voneinander unterscheiden - vor allem vor dem Hintergrund, dass alle nach demselben Schachbrettmuster aufgebaut wurden (siehe hierzu Kapitel 2.2). Eine Antwort auf diese Frage und eine Kritik an der UNESCO, der eine inflationäre Titelvergabe vorgeworfen wird und von Absi und Cruz deshalb auch als „globales Franchise" (Absi, Cruz 2005, S. 3) bezeichnet wird, kann im Rahmen dieser Arbeit nicht beantwortet werden, da dies eine eigene Arbeit füllen könnte. Hier handelt es sich  mehr um eine rhetorische Frage. Des Weiteren stellt sich aber auch die Frage, warum gerade dieses „Erbe" hervorgehoben werden soll. Natürlich lässt es sich nicht verleugnen, dass es sich um wunderschöne Gebäude handelt, doch war die Kolonialzeit nicht in erster Linie eine Zeit der Unterdrückung und Unterwerfung, in der indigene Völker fast ausgelöscht wurden oder z.B. in den Minen von Potosí unter schwersten Bedingungen unter Tage arbeiten mussten? Und war es nicht auch die Zeit, in der Abermillionen von Afrikanern in die Neue Welt verschifft wurden, um dort gedemütigt und unter unmenschlichen Bedingungen zur Arbeit gezwungen zu werden? (vgl. ebd., S. 6)

In diesem Zusammenhang soll auf das im Exkurs angesprochene Thema Erinnerungs-, Generationen- und traumatische Orte zurückgekehrt werden (siehe hierzu Kapitel 2.3). So sind diese Städte zum Teil „nicht nur Erinnerungsort[e] für jene Menschen, die mit ihr einst abgebrochene, jedoch weitertradierte und vermeintlich wiederherstellbare Geschichte verbinden; sie [sind] nicht lediglich auf Verwandtschaftsketten der Lebenden und Verstorben gründender Generationenort; sie [sind] auch eine Topographie des Schmerzes, von erlittener Gewalt, von Entsetzen, von Scham und Schuld" (Losego 2003, S. 262f.). Das traumatische an den Städten ist, dass ihre Geschichte teilweise, nicht erzählt werden kann, da es sich um ein Tabu in der Gesellschaft handelt. „Die Rekonstruktion des kolonialen Erbes wird [also] bestimmt durch das, was man wissen will und was die Nachfahren wissen sollen. Die Vergangenheitswerte, die bei der Wiederherstellung der kolonialen Altstädte berücksichtigt werden, sind auf positive Ereignisse  und ästhetische Strukturen beschränkt." (Struck 2008, S. 77; vgl. Losego 2003,

S. 263). Dies führt zu einer sehr selektiven und engen Wahrnehmung des kolonialen Erbes und lässt zu dem Schluss kommen, dass die Weltkulturerbestädte mehr dem Vergessen und Verdrängen als dem Erinnern dienen (vgl. Struck 2008, S. 77).

An diesen leeren Kulissen können sich dann die westlichen Touristen erfreuen. Denn das ganze Welterbesystem ist stark vom Westen geprägt (vergleiche hierzu Kapitel 2.4.2.2.) Alle wichtigen Institutionen kommen aus Europa: das World Heritage Center sitzt ebenso wie ICOMOS in Paris, die IUCN in der Schweiz und ICCROM (International Centre for the Study of the Preservation and Restoration of Cultural Property) in Rom. (Absi, Cruz 2005, S 3.) Diese vertreten eine eigene Sicht von Erbe, die nicht immer mit den Vorstellungen anderer Völker übereinstimmt, denen diese aber in dem System aufgedrückt wird bzw. sie dadurch beeinflusst, wie vorangegangen bereits geschildert wurde.

Zum Schluss soll auf die Frage eingegangen werden, ob Lateinamerika ein Kulturraum ist. Angesichts des einseitig ausgezeichneten Erbes in den Städten könnte davon ausgegangen werden, dass Lateinamerika ein spanisch- bzw. portugiesisch-kolonialer Kulturraum ist. Doch Lateinamerika besteht aus vielen (selektiven) Kulturräumen. Denn mehr noch als das Materielle, kennzeichnet die Kultur das Immaterielle. „Städte […] besitzen […] gleichsam ein Innenleben, welches sie z.B. in typologischen Lebensstilen, Kulturpraktiken, Identitäten, Segregationen und Netzwerkbeziehungen ihrer Akteure vergegenwärtigt" (Rothfuß, Gamerith 2007, S. 9). In all diesen ähnlichen Kolonialstädten haben sich die unterschiedlichsten Tänze, verschiedene Musikformen, Religionen usw. entwickelt und zeigen ein ganz anderes Bild. So gibt ja auch die UNESCO in ihrer Kulturdefinition an, dass „[d]ies nicht nur Kunst und Literatur ein[schließt], sondern auch Lebensformen, die Grundrechte des Menschen, Wertsysteme, Traditionen und Glaubensrichtungen" (vgl. Kapitel 2.1.1.2). Das Problem wurde also mittlerweile erkannt, und seit 2006 gibt es das „Übereinkommen zur Erhaltung des immateriellen Kulturerbes" (vgl. UNESCO 2011). Doch es gilt abzuwarten, ob sich damit etwas verbessert.

## Literaturverzeichnis

**Adoum, Jorge Enrique (1976)**: Und im Himmel ein Platz, um Quito zu sehen… In: Kajo Niggestich (Hg.): Städte in Lateinamerika. Wuppertal: Hammer, S. 32–46.

**Albus, Natascha (2011)**: Das Unesco-Welterbe. Mit über 900 Kultur- und Naturmonumenten. Sonderausg. Augsburg: Weltbild.

**Assmann, Aleida (1996)**: Erinnerungsorte und Gedächtnislandschaften. In: Hanno Loewy und Bernhard Moltmann (Hg.): Erlebnis-Gedächtnis-Sinn. Authentische und konstruierte Erinnerung. Frankfurt ; New York: Campus, S. 13–29.

**Assmann, Aleida** (1999): Erinnerungsräume. Formen und Wandlungen des kulturellen Gedächtnisses. München: Beck.

**Augel, Johannes (1991)**: Zentrum und Peripherie. Urbane Entwicklung und soziale Probleme einer brasilianischen Grossstadt. Saarbrücken ; Fort Lauderdale: Breitenbach.

**Augel, Johannes; Parente Augel, Moema (1984)**: Salvador: Historische Größe - schmerzliche Erneuerung. In: Rainer W. Ernst, Annegret Nippa, William Rauch und Gennaro Ghirardelli (Hg.): Stadt in Afrika, Asien und Lateinamerika. Berlin: Colloquium-Verlag, S. 93–123.

**Bähr, Jürgen; Mertins, Günter (1995)**: Die lateinamerikanische Gross-Stadt. Verstädterungsprozesse und Stadtstrukturen. Darmstadt: Wiss. Buchges.

**Gaede, Peter-Matthias (2011)**: Editorial. In: *GEO* 08/2011, S. 3.

**Galeano, Eduardo (1976)**: Aufstieg und Fall einer silbernen Stadt. In: Kajo Niggestich (Hg.): Städte in Lateinamerika. Wuppertal: Hammer, S. 82–88.

**Halbwachs, Maurice (1967)**: Das kollektive Gedächtnis. Stuttgart: Enke.

**Hanley, Lisa; Ruthenberg, Meg (2005)**: Los impactos sociales de la renovación urbana: el caso de Quito, Ecuador. In: Fernando Carrión M. und Lisa Hanley (Hg.):

Regeneración y revitalización urbana en las Américas: hacia un Estado estable. Quito: FLACSO, S. 209–240.

**Hilger, Hanna (2003)**: Welterbe für junge Menschen. Entdecken - Erforschen - Erhalten; eine Unterrichtsmappe für Lehrerinnen und Lehrer. Bonn: Monumente-Publikationen der Dt. Stiftung Denkmalschutz.

**Hofmeister, Burkhard (1996)**: Die Stadtstruktur. Ihre Ausprägung in den verschiedenen Kulturräumen der Erde. Darmstadt: Wiss. Buchges. (Erträge der Forschung, 132).

**Loewy, Hanno; Moltmann, Bernhard (Hg.) (1996)**: Erlebnis-Gedächtnis-Sinn. Authentische und konstruierte Erinnerung. Frankfurt ; New York: Campus.

**Losego, Sarah Vanessa (2003)**: Altstadtsanierung und Tourismus in La Habana. Vermarktung eines Stücks kulturellen Erbes. In: *Tourism Journal (Lucius & Lucius, Stuttgart)* 7 (2), S. 251–269.

**Nau, Stephanie (2003)**: Tourismus auf Kuba als postsozialistischer Devisenbringer. Passau

**Nau, Stephanie (2008a)**: Lokale Akteure in der Kubanischen Transformation: Reaktionen auf den internationalen Tourismus als Faktor der Öffnung. Ein sozialgeographischer Beitrag zur aktuellen Kuba-Forschung aus emischer Perspektive. Passau: Selbstverl. Fach Geographie der Univ. Passau (Passauer Schriften zur Geographie, 25).

**Nau, Stefanie (2008b)**: Kuba: ein Land in Transformation. Die Rolle des internationalen Tourismus als Fakor der Öffnung. In: Eberhard Rothfuß (Hg.): Entwicklungskontraste in den Americas. Passau: Selbstverl. Fach Geographie der Univ., S. 91–106.

**Pichler, Adelheid (2008)**: Havanna. Zur Ambivalenz des Erbes. In: Adelheid Pichler und Gertraud Marinelli-König (Hg.): Kultur, Erbe, Stadt. Stadtentwicklung und UNESCO-Mandat in post- und spätsozialistischen Städten : ein Vergleich aus kulturwissenschaftlicher Perspektive. Innsbruck: StudienVerlag, S. 213–235.

**Rodríguez Alomá, Patricia (2001)**: El Centro Histórico de La Habana: un modelo de gestión publico. In: Fernando Carrión M. (Hg.): Centros historicos de América Latina y el Caribe. Quito, S. 217–236.

**Rothfuß, Eberhard (2007)**: Tourismus-Gentrification im *Pelourinho* - Urbane Deformation des historischen Stadtzentrums von Salvador da Bahia. In: Eberhard Rothfuß (Hg.): Stadtwelten in den Americas. Passau: Selbstverl. Fach Geographie der Univ. Passau, S. 41–56.

**Rothfuß, Eberhard; Gamerith, Werner (2007)**: Prolog - Reflexionen über Stadtwelten in den Americas. In: Eberhard Rothfuß (Hg.): Stadtwelten in den Americas. Passau: Selbstverl. Fach Geographie der Univ. Passau.

**Scarpaci, Joseph L. (2006)**: Plazas and barrios. Heritage Tourism and Globalization in the Latin American Centro. Tucson: University Of Arizona Press.

**Struck, Ernst (2008)**: Historische, koloniale Stadtstrukturen und moderner Wandel in Lateinamerika - am Beispiel der Altstädte von Salvador da Bahia (Brasilien) und Havanna (Kuba). In: Eberhard Rothfuß (Hg.): Entwicklungskontraste in den Americas. Bd. 9. Passau: Selbstverl. Fach Geographie der Univ., S. 65–79.

**UNESCO World Heritage Center (2011)**: World Heritage 2011-2012. Paris: UNESCO

**Widderich, Sönke (2002)**: Die sozialen Auswirkungen des kubanischen Transformationsprozesses. Universität Kiel, Kiel.

**Wilhelmy, Herbert (1952)**: Südamerika im Spiegel seiner Städte. Hamburg: Cram, de Gruyter (Hamburger romanistische Studien / B, 23).

**Wilhelmy, Herbert; Borsdorf, Axel (1985)**: Die Städte Südamerikas. Berlin ;, Stuttgart: Gebrüder Borntraeger.

<u>Internetquellen[12]</u>

**Absi, Pascale; Cruz, Pablo (2005)**: Patrimonio, ideología y sociedad: miradas desde Bolivia y Potosí. Online verfügbar unter http://prueba.alertas-pieb.com/UserFiles/Cerro.pdf, zuletzt aktualisiert am 10.10.2006, zuletzt geprüft am 24.01.2012.

**Carrión M., Fernando (2000)**: Centro Histórico de Quito: Notas para el desarollo de una política urbana alternativa. Problematica y Perspectivas. FLACSO. Online verfügbar unter http://works.bepress.com/cgi/viewcontent.cgi?article=1014&context=fernando_carrion, zuletzt aktualisiert am 19.08.2008, zuletzt geprüft am 10.01.2012.

**Delaveau Santander, Daniela Soledad (2009)**: Procesos de marginaciones socioculturales e higienización en el patrimonial Barrio Puerto de Valparaiso. Online verfügbar unter http://egal2009.easyplanners.info/programaExtendido.php?casillero=1235143000&sala_=C%20-%2012&dia_=SABADO_AREA_5, zuletzt geprüft am 24.01.2012.

**Habananuestra (2012)**: Dr. Eusebio Leal Spengler. Online verfügbar unter http://www.habananuestra.cu/index.php?option=com_content&task=view&id=148&Itemid=26.

**ICOMOS (1978)**: Advisory Board Evaluation. City of Quito. Online verfügbar unter http://whc.unesco.org/archive/advisory_body_evaluation/002.pdf, zuletzt aktualisiert am 25.01.2001, zuletzt geprüft am 10.01.2012.

**ICOMOS (1981)**: Old Havana and its Fortifications 204. Online verfügbar unter http://whc.unesco.org/archive/advisory_body_evaluation/204.pdf, zuletzt aktualisiert am 25.01.2001, zuletzt geprüft am 22.01.2012.

---

[12] Einige der Quellen sind auch als Printversion erhältlich. Da aber mit der Version im Internet gearbeitet wurde, ist diese auch unter Internetquelle angegeben.

**ICOMOS (1983)**: Historic Centre of Salvador de Bahia 309. Online verfügbar unter http://whc.unesco.org/archive/advisory_body_evaluation/309.pdf, zuletzt aktualisiert am 25.01.2001, zuletzt geprüft am 22.01.2012.

**ICOMOS (1986)**: City of Potosi 420. Online verfügbar unter http://whc.unesco.org/archive/advisory_body_evaluation/420.pdf, zuletzt aktualisiert am 25.01.2001, zuletzt geprüft am 21.01.2012.

**ICOMOS (2003)**: Valparaíso (Chile). Online verfügbar unter http://whc.unesco.org/archive/advisory_body_evaluation/959.pdf, zuletzt aktualisiert am 05.05.2003, zuletzt geprüft am 21.01.2012.

**Jiménez Vergara, Cecilia; Ferrada Aguilar, Mario (2003)**: Los valores universales del patrimonio arquitectónico y urbano en Valparaíso. Universidad del Bio-Bio. Concepción, Chile (Urbano, 8). Online verfügbar unter http://redalyc.uaemex.mx/pdf/198/19800809.pdf, zuletzt geprüft am 12.01.2012.

**Mertins, Günter (2006)**: La renovación de los centros históricos en latinoamérica: fases - conceptos - estrategias. In: *Revista Digital de Historia y Arqueologia desde el Caribe*. Online verfügbar unter http://rcientificas.uninorte.edu.co/index.php/memorias/article/view/318/146, zuletzt geprüft am 25.01.2012.

**Molano, Olga Lucía (2007)**: Identidad cultural. Un concepto que evoluciona (Opera, N° 7). Online verfügbar unter http://foros.uexternado.edu.co/ecoinstitucional/index.php/opera/article/viewFile/1187/1126, zuletzt geprüft am 26.12.2011.

**Moreira Ortega, Monica (2001)**: El Centro Histórico de Quito: un modelo mixto de gestión. In: Fernando Carrión M. (Hg.): Centros historicos de América Latina y el Caribe. Quito, S. 253–273. Online verfügbar unter http://works.bepress.com/cgi/viewcontent.cgi?article=1064&context=fernando_carrion, zuletzt geprüft am 18.01.2012.

**Pereira, Manuel (1984)**: 'Enchanted Seashell'. In: *UNESCO Courier* (6), S. 18–20. Online verfügbar unter http://unesdoc.unesco.org/images/0007/000746/074684eo.pdf, zuletzt geprüft am 18.01.2011.

**Sánchez M., Alfredo; Bosque M., Joaquín; Jiménez V., Cecilia (2009)**: Valparaíso: su geografía, su historia y su identidad como Patrimonio de la Humanedad. Estudios Geográficos (LXX). Online verfügbar unter http://estudiosgeograficos.revistas.csic.es/index.php/estudiosgeograficos/article/view/118/, zuletzt geprüft am 20.01.2012

**UNESCO (1972)**: Übereinkommen zum Schutz des Kultur- und Naturerbes der Welt. Online verfügbar unter http://www.unesco.de/welterbe-konvention.html, zuletzt geprüft am 19.12.2011.

**UNESCO (2010)**: Erklärung von Mexiko-City zur Kulturpolitik. Weltkonferenz über Kulturpolitik. Mexiko, 26. Juli bis 6. August 1982. Online verfügbar unter http://www.unesco.de/2577.html, zuletzt geprüft am 19.12.2011.

**UNESCO (2011)**: Übereinkommen zur Erhaltung des immateriellen Kulturerbes. Online verfügbar unter http://www.unesco.de/ike-konvention.html, zuletzt aktualisiert am 01.08.2011, zuletzt geprüft am 27.01.2012.

**UNESCO (2012a)**: Brasilia. Online verfügbar unter http://whc.unesco.org/en/list/445, zuletzt geprüft am 27.01.2012.

**UNESCO (2012b)**: City of Quito. Online verfügbar unter http://whc.unesco.org/en/list/2, zuletzt geprüft am 18.01.2012.

**www.fernreise-welt.de (2008)**: Bolivien: Die Minen von Potosí. Ratgeber Netzwerk GmbH. Online verfügbar unter http://www.fernreise-weltweit.de/2008/09/bolivien-die-minen-von-potosi/, zuletzt geprüft am 11.01.2012.